博物館と学芸員のおしごと
【博物館概論】

柴 正博著

東海教育研究所

Museum and curatorial work
General introduction to museum

Masahiro Shiba

Tokai Education Research Institute, 2023
Printed in Japan
ISBN978-4-924523-37-1

まえがき

　博物館はどのようなところでしょうか．また，そこで働く学芸員はどんな人で，どのような仕事をしているのでしょうか．多くの人は，博物館では展示室しか見ることはできませんが，それと同じかそれ以上の広さの裏側（バックヤード）では，いったいどのようなことが行われているのでしようか．

　博物館は，世界には4万館以上もあり，日本だけでも5,000館以上もあります．そこで働く学芸員とは，博物館の資料の専門家で，資料の採集や保管，研究や展示，さらに教育などを行います．この本は，そんな博物館の活動と博物館で働く学芸員の仕事を解説したものです．その内容のほとんどは，私が博物館で仕事をしてきた経験を織り込んで，東海大学海洋学部で授業した「博物館概論」と「博物館資料論」，「博物館資料保存論」の授業資料をもとにしたものです．

　私は，東海大学海洋学部海洋資源学科（現在の海洋理工学科）を卒業して，大学院海洋学研究科修士課程を修了し，3年間高等学校の教員を勤め，東海大学自然史博物館の開館直後の1982（昭和57）年に当時の東海大学三保社会教育センター（現在は東海大学海洋学部博物館）の職員となりました．

　私は大学で学芸員資格を取得していなかったため，博物館に勤めてから文部省（現在の文部科学省）の検定と大学の講義で不足単位を取得し，その後の1年間の勤務実績によって学芸員資格を取得しました．それは，私が博物館の職員となって3年後のことでした．このように，大学で学芸員資格を取得していないと，資格取得に多くの時間と労力が必要となります．したがって，「学芸員」資格取得を望んでいる学生諸君は，大学で学芸員資格取得課程を受講できるのであれば，その学芸員資格取得課程の中で資格を取得されるよう努力していただきたいと思います．

　私は博物館に勤めて，展示物のメンテナンスから展示室の掃除，照明の交換，小さな展示から博物館全体の展示などの企画・設計と施工，ポスター・パネル・看板の作成とイラストのデザイン，毎年の特別展の企画・設計・製作・実施，標本の作成とそれらの登録・保管，映像番組の作成，そしてオーディオ機器や機械の整備と組み立て，コンピュータプ

ログラムやホームページの作成，サマースクールや館内案内，体験学習
などの教育活動，博物館の内外でのさまざまな委員会活動，研究報告や
普及誌の執筆と編集，パンフレットの編集，その合間に資料収集と調査
研究，さらに総務や広報，経理事務，最後は運営を担う学芸課長，そし
て大学や他の教育機関で非常勤講師まで行ってきました．

　日本の博物館学芸員は，このように博物館に関するさまざまな仕事を
するので，自分たちのことを「雑芸員」と呼んでいます．私は，博物館
で学芸員として勤務し，まさに「雑芸員」のごとく博物館に関する雑多
な仕事をほぼすべてやってきました．「雑芸員」は仕事を雑にするので
はなく，博物館における雑多なすべての業務を，どれもプロフェッショ
ナルとして行います．しかし，ひとりの人間がこれらすべてを完璧に行
うことは不可能であり，そのつど多くの職場の仲間や学生たちに助けて
もらっていました．

　私は，東海大学海洋学部博物館（海洋科学博物館・自然史博物館）
に36年間勤務し，その間，毎年学生の「博物館実習２」を館内で行い，
1998〜2017（平成10〜29）年度まで東海大学海洋学部で「古生物学」の
講義を担当させていただき，2009〜2010（平成21〜22）年度には「博物
館資料論」の講義を，2017年度末に退職してからは，2019年度から海洋
学部の「博物館実習１」と「博物館実習２」をお手伝いし，2022（令和
４）年度春学期には「博物館概論」と「博物館資料保存論」の講義も担
当させていただきました．

　2022年度春学期の２つの講義では，これまで私が博物館で学芸員とし
て仕事してきたことを振り返り，博物館で一生懸命やってきた仕事や十
分にできなかった仕事，失敗したことなども含めて再度博物館と学芸員
の仕事を整理し，勉強しなおし，さらに最近の博物館や学芸員の仕事の
状況なども加えて講義内容を組み立てました．そして，その内容を講義
資料として作成して学生に配布して講義を行いました．この本は，それ
らの講義資料を再度まとめ直したもので，学芸員資格取得課程の「博物
館概論」のテキストとして利用されることを念頭に執筆しました．

　この本では，「博物館概論」を受講される学生さんたちが，これから
「学芸員」資格取得のために受講される「博物館資料論」，「博物館資料
保存論」，「博物館展示論」，「博物館教育論」，「博物館情報・メディア
論」，「博物館経営論」の概要も含めて，博物館がどういうところで，学

芸員はどのような仕事をするのかということを解説しています.

　博物館は，国際博物館会議（ICOM）の定義によれば，「博物館とは,
社会とその発展に貢献するため，有形，無形の人類の遺産とその環境を
教育，研究，楽しみを目的として収集，保管，調査研究，普及，展示す
る公衆に開かれた非営利の常設機関である.」とされ，国際連合教育科
学文化機関（UNESCO）の勧告では「博物館は収蔵・研究・展示を系
統だって継続し，後世に伝える業務を遂行する.」とされています. そ
して，博物館の学芸員は「博物館の目的」を達成するためにさまざまな
仕事をして，博物館を「系統だって継続して後世に伝える.」という使
命をもちます.

　博物館は，そこを訪れる人が何らかの期待（アジェンダ）をもってい
ようといまいと，自分がそれまで知らなかった「モノ」や体験に出会う
ことができる，楽しくてすばらしい場所です. みなさんが，これから博
物館でより楽しく有意義な博物館体験をするためにも，みなさんには博
物館のことや学芸員の仕事についてよく知っていただきたいと思います.
そして，さらに博物館を好きになっていただき，いろいろな「モノ」に
興味をもって，これからの人生を豊かにしていただければと思います.
そして，同時に博物館のよき理解者，支援者として，これからも博物館
を継続して存続させるための力になっていただけることを期待いたしま
す.

　この本の編集と出版にあたり，東海教育研究所の原田邦彦氏とダーウ
ィンルームの稲　英史氏にお世話になりました. 東海大学課程資格教育
センター博物館学研究室の木山克彦氏，渡辺友美氏，堀田拓史氏には,
博物館学関係の講義や博物館実習でお世話になり，とくに木山克彦氏に
は資料保存に関する資料を参考にさせていただきました. また，博物
館資料とその登録・管理に関して，NPO 静岡県自然史博物館ネットワ
ークの三宅　隆氏，横山謙二氏，高橋真弓氏，湯浅保雄氏，岸本浩和氏,
それとふじのくに地球環境史ミュージアムの研究員のみなさんにいろい
ろとご教授をいただきました. 私が永く勤務させていただいた東海大学
海洋学部博物館の元館長の鈴木克美氏，西　源二郎氏，秋山信彦氏はじ
め，多くの学芸員のみなさんにも，私の博物館在職中に大変お世話にな
りました. また，東海大学の故淵　秀隆教授と故星野通平教授には，私
が博物館に就職する際に大変お世話になりました. なお，東海大学海洋

学部博物館（海洋科学博物館・自然史博物館）とふじのくに地球環境史ミュージアム，NPO 静岡県自然史博物館ネットワーク，静岡市立登呂博物館，群馬県立自然史博物館には，この本で掲載した写真等について使用許可をいただきました．これらの方々と機関に感謝いたします．

2022年9月　柴　正博

目　次

第 1 章

博物館と学芸員

──知と感動への期待──

図1-1　東海大学自然史博物館の恐竜ホール

1 博物館概論の目的

博物館概論とは

　2009（平成21）年4月に，博物館法施行規則等の改正が行われ，大学において学芸員資格のために修得すべき博物館に関する科目が，「生涯学習概論」，「博物館概論」，「博物館資料論」，「博物館資料保存論」，「博物館展示論」，「博物館教育論」，「博物館情報・メディア論」，「博物館経営論」，「博物館実習」の9科目となり，単位数が「博物館実習」の3単位を除き，すべて2単位で合計19単位となりました．「博物館概論」とは，学芸員資格科目のうち最初に履修しなければならない科目で，博物館や学芸員について，またそれらの仕事についての概要を学生に教授すべき科目と思われます．

　博物館は，美術館から動物園まで多種多様であり，学芸員はその博物館が専門とする学術分野の極めて専門的な知識と資料を取り扱う高い技術が要求されます．博物館は，資料（モノ）を研究し，資料とその情報を保管し公開するところであり，学芸員がその専門学術分野の研究に長けていなければ，博物館資料の価値を正当に評価できません．また，学芸員が専門学術分野の研究者でなければ，博物館はその研究・調査，収蔵・保管，さらに教育・普及という活動を十分に行うことができません．

　したがって，博物館の学芸員として必要な人材の多くは，専門学術分野の研究を行い，それを普及したいと強く望んでいる博物館活動の支持者であるべきです．実際に，現在博物館で採用されている学芸員の多くは，単に「学芸員」資格をもつだけでなく，専門分野の大学院を修了し修士号または博士号をもつ専門分野の研究実績のある人です．

学芸員として知っておくこと

　そのような現実があるにもかかわらず，学芸員資格取得科目の中に専門学術分野については，大学での一般教養課程の科目が含まれているにすぎません．そればかりか，専門学術分野以外の業務である博物館資料

や資料保管，展示，教育，情報メディア，経営などといった広範囲にわたる知識やスキル面のアップが要求されています．確かに，博物館にはその資料収集から保管，展示，教育，情報メディア，経営に関するさまざまな業務があり，それらを広く知ることは必要であり，これらの学芸員資格取得科目の内容と単位数の整備拡充によって，学芸員の資格をもつ人の研究以外の業務についての質的向上が図れると思います．しかし，専門学術分野以外のスキルは，実際に業務に携わり，現実の問題と対峙した時に避けて通れないものであり，その時にこのような業務のスキルを学芸員として磨くことは遅くはないとも思えます．

　具体的で技術的な手法は，現代社会においてつねに急激に変化し，各博物館の現場でその対応もさまざまです．そのため，取得科目で習得した最新の技術的な手法といわれるものでさえ，実際に業務に携わる時にその一部が使用できない可能性さえあります．したがって，学芸員として理解し習得しておかなくてはならないことは，具体的な手法や技術よりも，むしろ博物館または博物館活動が何かということと，博物館で行うべき基本的な業務の内容と，そこで収集され保管，展示される資料の取り扱いについての考え方やスキルの基本であると考えます．

学芸員の就職状況

　これまでもそうでしたが，現在でも，「学芸員」有資格者に対して博物館における「学芸員」の求人は極めて少ないのが現実です．文化庁の委託を受けたみずほ総合研究所（2020）の調査では，2018（平成30）年度の各大学での学芸員資格取得者数の平均値は25名で，そのうち博物館等への就職者数（学芸員以外のポストの職員も含む）の平均は0.7％という値が報告されています．この結果は，学芸員のポストが極めて少なく，求人もさらに少ないことに起因しています．

　このような状況では，吉田（2009）が指摘したように「大学教育で学芸員の質的向上を図らずとも，自然淘汰されて難関を突破した優秀な人材を博物館は確保できている。」とも考えられます．このように学芸員資格を取得したすべての学生が学芸員になるわけでないことから，2009年の博物館法施行規則等の改正前までは，学芸員養成課程を行う教員の中には，課程の現実的な目的として「博物館のよき理解者・支援者を増やす」というような消極的な考え方もありました．

新学芸員養成課程の目的

　2009年の博物館法施行規則等の改正は，資料保存方法の変化やコンピュータなどの情報メディアの進歩，それと博物館を取り巻く社会状況の変化などにより，それに対応して行われました．その結果，実際の資料の取り扱いなどを含め博物館での仕事に関する具体的な内容の教科が増えました．このことは，学芸員養成課程が「学芸員として必要な専門的な知識と技術を身につけるための入口」として，「学芸員を養成する」という積極的な意志が示されたものと理解できます．すなわち，新しい学芸員養成課程の目的が，学芸員として就職するしないにかかわらず，博物館資料の具体的な取り扱いも含めて，博物館とその活動・業務に関する知識と技術的な基礎的スキルをもつ人材を養成するということになります．

　したがって，学芸員としての資格の評価は，学芸員にとってもっとも重要なスキルである専門的な学術分野の知識と研究活動についての資質と，資格養成課程で学習した博物館とその活動・業務に関する知識と技術的な基礎的スキルが，きちんと備わっているかにあると考えます．

　そのため，「博物館概論」の内容をもつこの本では，これからみなさんが「学芸員」資格取得のために受講される「博物館資料論」，「博物館資料保存論」，「博物館展示論」，「博物館教育論」，「博物館情報・メディア論」，「博物館経営論」といった講義の内容の概説を含めて，博物館とそこで働く学芸員の仕事が何かということを，理解していただくものにしたいと考えています．

　この本で学習される学生諸君には，学芸員養成課程の講義と実習を通して，博物館と学芸員のよき理解者になることはもちろん，さらに実際に学芸員になることを目指して博物館と学芸員の仕事の基礎を学び，将来，私たちの仲間となって活躍されることを期待いたします．

2　博物館とは

博物館は機関である

　博物館は世界に4万館以上あると推定され，日本でも5,000館以上（5,690館：みずほ総合研究所，2019）の博物館があると思われます．博物館は，生物を含むモノを収蔵または育成し，研究し公開することを系統だって継続して，後世に伝えるための機関です．そして，博物館が扱う対象（資料または「モノ」）によって，博物館にはさまざまな種類があり，それらは「博物館」という名前だけでなく，「資料館」，「美術館」，「文学館」，「歴史館」，「科学館」，「水族館」，「動物園」，「植物園」などという名前で呼ばれ，それぞれにその目的や内容，活動が多種多様です．

　博物館法によれば，「博物館とは，歴史，芸術，民俗，産業，自然科学等に関する資料を収集し，保管（育成を含む．以下同じ．）し，展示して教育的配慮の下に一般公衆の利用に供し，その教養，調査研究，レクリエーション等に資するために必要な事業を行い，併せてこれらの資料に関する調査研究をすることを目的とする機関（社会教育法による公民館及び図書館法（昭和二十五年法律第百十八号）による図書館を除く．）のうち，次章の規定による登録を受けたものをいう．」とされています．

　また，国際博物館会議（ICOM：International Council of Museums）では，「博物館とは，社会とその発展に貢献するため，有形，無形の人類の遺産とその環境を教育，研究，楽しみを目的として収集，保管，調査研究，普及，展示する公衆に開かれた非営利の常設機関である．」と定義され，国際連合教育科学文化機関（UNESCO：United Nations Educational, Scientific and Cultural Organization）の勧告では「博物館は収蔵・研究・展示を系統だって継続し，後世に伝える業務を遂行する．」とされています．

　日本では，博物館が展示施設として発達したことから，博物館は「建物」や「施設」を指すものとして，一般に博物館は「展示施設」または

「教育施設」として理解されています．しかし，博物館は，博物館法や ICOM の定義でも「機関」と定義されています．「機関」とは「ある目的のために活動する組織」をいい，「施設」とは「ある活動のために利用される構造物」を意味します．すなわち，博物館は利用されるための構造物ではなく，ある資料を収集保管し研究して展示することを系統だって継続して行う「機関」になります．

日本における博物館

日本における博物館は，一般に利用する側に主体のある教育施設ないし，公共のレジャー（余暇活用）施設と思われていることから，現在でも博物館の職場では以下のような状況が多くみられます．

* 展示や教育行事が優先される．
* 研究や資料収集及び保管が顧みられない．
* 学芸員が充分に配置されない．
* 学芸員の地位や専門性が認められない．
* 学芸員は展示物の製作とそのメンテナンス及び教育活動がおもな業務であると考えられている．
* 地方公共団体の学芸員の多くは行政職または教育職であり，数年で他の部署に異動することがあり，計画的な収集活動などの博物館業務ができない．

日本の博物館はこれまで行政が住民の意思とは別に「箱モノ」的な施設として設置してきたことが多く，そのため最近では住民や行政から「博物館は無駄な箱モノ」の象徴とされることもあります．そして，経済不況と少子化という最近の社会現象の中で以下のような事態も進行しています．

* 財政難や市町村合併などから博物館の経費や人員の削減，統合あるいは廃止．
* 利用者数や収益率をもとにした経済効果のみに偏った博物館評価制度の導入．
* 博物館の機能を無視した，「施設」を管理するための指定管理者制度の導入．

そして，「モノを系統だって保管して後世に伝える業務を遂行するべき」博物館の多くが，経済的不況の中，配賦予算や運営資金の確保が厳

しく，今や閉館し，または閉館の危機に瀕しています．その原因の多く
は，わが国では博物館が単なる「展示施設」または「教育施設」として
理解されてきたことにあると思われます．

　博物館は単なる「展示施設」または「教育施設」ではありません．あ
る研究対象の「モノ」についての「研究機関」であり，調査・研究を
して資料や標本を収集し継続的に保管し，それをもとに教育・展示を
行う複合機関であり（柴，2001），その「モノ」に関して人の集まる場
（Community site）であると考えます．

博物館と図書館

　博物館と類似しているにもかかわらず，日本においては博物館と対
照的な施設があります．それは，図書館です．博物館は本来「モノ」
を収蔵する「蔵」であるのに対して，図書館は本来「文書」を収蔵す
る「蔵」です．すなわち，図書館は本来，人類の文化としての「文書」
を収集保管して研究し，それを一部公開し利用に供するという機能をも
つ機関です．これと同様に，博物館は自然の「モノ」や人類が創造して
きた文化としての「モノ」を収集保管し，研究して，その一部を公開し
利用に供するという機能をもちます．ただし，図書館は日本の「図書館
法」では「施設」とされ，図書資料を利用してもらうための機能が優先
され，図書館は資料を利用してもらう「施設」，それに対して博物館は
資料を活用して事業を行う「機関」とされています（布谷，2011）．

　日本においては，図書館は国やほとんどの地方自治体が設置してお
り，設置する地方自治体には国からの予算の範囲内において，施設や設
備，その他必要な経費の一部が補助されます．そして市民は図書館を無
料で利用でき，本まで無料で貸してくれます．しかし，博物館は全国の
地方自治体のどこにでもあるわけではなく，公立博物館でもほとんどの
ところで利用料金が徴収されます．すなわち，図書館と博物館はともに
本来の公共的役割と使命がほぼ同じであるにもかかわらず，収集する対
象物が違うだけで，わが国における図書館と博物館の公共的地位と役割
にはとても大きな違いがあります．この対照性は，日本において博物館
が「展示施設」または「教育施設」，ないし「レジャー施設」として発
達したことによるところが多いと思います．

　遠藤（2005）は，「本来博物館とは，例えば遺体を集め，例えば学術

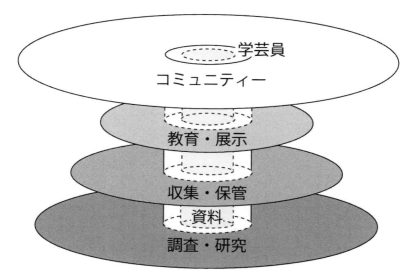

図1-2 博物館の機能

中央に「モノ」を立てて、それを学芸員が包み、下から「調査・研究」、「収集・保
管」、「教育・展示」、「コミュニティー」が重なる立体的な構造.

資料を収集し、そこから人類の新たな叡智を獲得していく、文化や学問
や教育の根幹を支える組織であるはずだ.」と述べ、博物館がわが国で
の文化や学問、教育の根幹を支えるべき機関であることを強調していま
す.

博物館の機能

　博物館は、「調査・研究」、「収集・保管」、「展示・教育」という3つ
の機能を有機的及び組織的に行う機関です. 従来それらの博物館の機能
は、独立した形で水平的に連結するイメージが持たれていました. しか
し、博物館は「調査・研究」を基礎に置いていることから、図1-2のよ
うに「モノ」をその中心に置いて、それを学芸員が包み、広い「調査・
研究」の上に「収集・保管」を重ね、そしてその上に「展示・教育」、
さらに「Community」が重なる形とその方向が、博物館の機能をよく
表すと思われます.

　滋賀県立琵琶湖博物館の運営基本方針では、「博物館の事業を1本の
樹に例えると、展示や出版などの事業は枝葉や果実にあたり、保管され

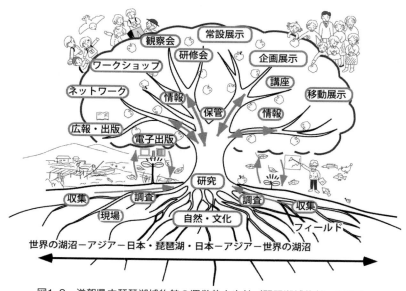

図1-3　滋賀県立琵琶湖博物館の運営基本方針（琵琶湖博物館，1997）

た資料は幹，研究調査は根にあたる.」と記されていて，図1-3のような
イメージ（琵琶湖博物館，1997）が示されています. これは，まさに博
物館の機能をわかりやすく示していると思います. すなわち，博物館と
いう機関が，「モノ」に対する研究から資料と情報を獲得して，それら
を保管し，それらをもとに教育や展示などさまざまな事業を展開し，成
長していく大きな樹木に例えられています.

日本の博物館の実態

　日本博物館協会では，2013（平成25）年11月に全国の博物館など4,096
館園を対象として博物館総合調査を実施しました. その報告書（日本博
物館協会，2017）によって，現在の日本の博物館の平均的なイメージを
お伝えします. この調査は，対象とした博物館のうち2,258館から得ら
れた回答内容を集計したものです. 回答のあった館の内訳は，館種別で
は，「歴史」が46.4％ともっとも多く，「郷土」（12.6％）を合わせると回
答館の約6割を歴史・郷土系の博物館が占めています. 設置別では「市
立」が45.4％ともっとも多く，国公立館は全体の8割弱に達しています.

この結果によると，日本の博物館の大きさはその中央値をとると敷地総面積が4,854m²で，建物延床面積が1,331m²になります．中央値をとっているのは，動物園や植物園など広い敷地面積を有するものがあるためです．主たる建物が1993（平成5）～2002（平成14）年の10年間に建設された館が全体の25.6％を占め，1985（昭和60）～1992（平成4）年の8年間に建設された館（20.6％）と合わせると，5割近い数の館が1985～2002年までの約20年間に主たる建物が建設されています．

　典型的な博物館は年間300～324日開館し，大人1人の入館料の中央値は300円です．日本の博物館のうち，入館者数が年間「5,000人未満」という館が全体の1/4ともっとも多く，全体の2/3の館が入館者数年間「3万人未満」です．博物館の職員数の平均は，常勤が3人と非常勤1人で，そのうち学芸員資格を保有する常勤職員数は1人というのが典型です．そして，「もっとも重視する活動」は62.2％の館が「展示」を選択し，続けて「教育普及活動」（17.3％），「収集保管活動」（10.0％），「調査研究活動」（6.8％）となっており，「展示」をもっとも重視する館が圧倒的に多いことがわかります．

　過去3年間（2011～2013年度）に学芸系職員を新規に採用した館は494館で全体の30.9％で，採用された学芸員の数は823人です．学芸員補については43館で68人，その他の学芸系職員については225館で731人という状況です．採用者の前歴としては，他館の学芸系職員や大学院生の比率が高く，この傾向は国立館においてとくに顕著です．

自然史博物館とは

　博物館の機能や存在意義を説明するために，私にとってもっとも関わりのある自然史博物館を例にあげて説明します．

　大阪市立自然史博物館の館長だった千地（1978）によれば，「自然史博物館とは，自然の姿を明らかにしてその成因や自然の体系を歴史的に理解し，現在と未来の人類社会のあり方に対して貢献するための研究教育機関である．」と定義しています．千地（1978）はまた，「自然史博物館のテーマは，とくに現在も含めた第四紀（今から約250万年前以降）の自然環境の変遷，すなわち人と自然のかかわりについてもっとも大きな力が注がれるべきである．」とも述べています．

　自然史博物館のテーマである「自然」を理解するためには，歴史的観

点をもち，階層性のある自然を総合化して復元することが重要です．また，自然の成り立ちとそのメカニズムを明らかにするためには，地域の自然の状態をつねにモニターすることも必要です．

　人々は大地（自然）の上に住んでいて，人々の生活は自然の中で成り立っています．その自然がどうようなものかも知らずに，無視して生活すること（上部構造）は成立しません．大場（1991）は，「地域の自然のもつ多様性はその地域にとって最大の環境資源である．」と述べています．これは，文化財と同様に地域の自然を「自然財」ととらえる考え方に通じるものです．また，青島（1991）は，「自然史博物館は，自然環境行政の中核機関として位置づけられるべきである．」と述べています．すなわち，地域の自然史博物館はその地域の自然環境の「研究情報センター」であり，その上でそれらの資料をもとにした生涯学習に係る教育機関，そして行政の中では自然環境に関するシンクタンク的役割を果たすべき複合機関である，と私は考えられます．

　現在，地震や地盤災害，気候変動などがあり，多くの人が地球の自然環境に大変関心をもっています．しかし，その反面わが国の学校教育では地球の自然環境を把握するために基礎となる「地学」や「生物」の教科が軽視されています．高校ではそれらの授業は必修ではなく，多くの生徒が受けられないという状況にあります．また，自然環境問題は重要というものの，「ゴミを捨てない」など生活習慣や省エネルギーの問題とすり替えられ，肝心の自然環境の実態や変化を理解し，その仕組みを探求する自然科学的なアプローチがほとんど含まれていません．

　地球全体の自然環境問題も，まず自分たちの住んでいる地域の自然環境の実態やその仕組みを知らなければ，実際に自然環境の何が問題なのかについて正しく認識することはできません．現在，自然環境の状態を把握するような仕事は誰が行っているのでしょうか．全国の都道府県でそのような機関はどれだけあり，どのようなデータが蓄積されているのでしょうか．

　そのように考えていくと，わが国には自然環境の状態を把握するような機関がほとんどないことに気づきます．各県のレッドデータブックの作成についても，とりあえずいくつかの県で県立博物館や自然史博物館で行われた例もありますが，地域の自然環境の状態を把握することが地域の自然史博物館の役割のひとつとしてきちんと規定されているわけで

はありません．そして，そもそもすべての県に自然史博物館があるわけでもなく，自然史博物館がある地方自治体でも，それを行うだけの人員は配置されていません．そのことはすなわち，自分たちが暮らす自然環境の状態を把握する必要性や重要性について，そこに住む人々だけでなく地方自治体や国自体もほとんど理解していないと思われます．

　自然史博物館は，「歴史的観点で現在の自然の姿を把握し，将来における地域の自然のあり方を，地域の人たちと検討する場である.」（柴，2007）と考えられます．自然史博物館の標本は，過去や現在の自然環境の実態としての証拠として残され，現在や過去の生物環境を知るための将来へのデータとなっていきます．しかし，もしも私たちがそのような標本をほとんどもたなければ，将来の人たちは過去の自然環境について実物としての証拠を何ももたないことになり，過去の自然環境の実態を正確にとらえられないことになります．

　さまざまな標本を自然史博物館が残すことは，それらが将来に経済的な利益や資源として利用できる可能性があるということもありますが，それよりも人類が将来自然の中で生き続けられるかという問題に係ることのために重要です．それはすなわち，人類の「生存権」に係る問題に対してより大きく役立つと考えられます．したがって，自然史博物館の活動を，そこに住む人たちに十分に理解していただき，自然環境の調査研究を続けて，その仕事の後継者を育てて，その標本を永久に保管する機能を後世まで継続させていかなくてはならないと考えます．

3 学芸員とは

学芸員の仕事

　博物館法には，「博物館に，専門的職員として学芸員を置く.」とあり，「学芸員は，博物館資料の収集，保管，展示及び調査研究その他これと関連する事業についての専門的事項をつかさどる.」とされています. なお，博物館法には「博物館に，館長及び学芸員のほか，学芸員補その他の職員を置くことができる.」ともあります. すなわち，学芸員は，博物館の資料についての専門家であり，博物館において活動の中心として働く専門職員になります.

　博物館法には博物館の事業として，以下の項目があげられています.
①資料を収集する.
②分館での展示をする.
③資料のデジタルデータの作成と公開をする.
④博物館利用の案内や調査研究の報告書を作成する.
⑤資料に関する専門的・技術的な調査研究をする.
⑥保管及び展示に関する技術的研究をする.
⑦資料に関する解説書や調査報告書を作成する.
⑧資料に関する講演会などの開催と援助をする.
⑨地域の文化財のリスト作成や利用の便を計る.
⑩社会教育における学習の機会を提供する.
⑪学芸員など博物館の事業に従事する人材を養成する.
⑫学校や研究所などと協力してその活動を援助する.

　博物館の事業には以上のような多岐にわたるものがあり，これらのほとんどすべてを学芸員が行わなくてはなりません.

博物館の核は「モノ」と学芸員

　博物館は，本来，あるテーマで集められた「モノ」を恒久的に保管する「蔵」です. そのため，「モノ」のない博物館は博物館ではありませ

ん．それと同様に，その「モノ」に関する専門家である「学芸員」のいない博物館も博物館ではありません．そして，学芸員の専門分野とそのスキルでその博物館の内容と質が決まります．すなわち，学芸員の専門性と個性，そしてそこで学芸員が何を行うかでその博物館の内容が決まります．

　学芸員は研究者であると同時に，その「モノ」についての普及教育者でなくてはなりません．「研究だけをしている研究者」や「研究ができない教育者」は，学芸員とはいえません．学芸員はまず研究論文が書ける研究者でなくてはなりません．研究者は，専門が例えば地質学の中でさらに細かな細分化された化石層序学を中心に研究していたとしても，地質学全般に対してその時々の総合的な知識と考え方，人的なネットワークをもっています．そのため，地質学の他の分野の問い合せや教育活動にもある程度対応できます．

　博物館では，学芸員が「モノ」に対しての調査・研究，整理・保管・管理，普及・展示・利用対応などの活動のすべてをすることと，人手不足で博物館の事務的な雑務などに追われていることから，日本の学芸員はよく自分たちのことを「雑芸員」と呼んでいます．しかし，欧米の大規模な博物館では，博物館の仕事を以下のように5つに分けてそれぞれの専門家が分業しています．

　＊研究者（Researcher）
　＊収蔵管理者（Conservation manager）
　＊展示設計者（Exhibition designer）
　＊教育者（Educator）
　＊経営管理者（Business manager）

　博物館の業務は専門的で多岐にわたるため，欧米の大規模な博物館のように，本来それぞれの仕事を分業するシステムになっているべきと考えます．また，そのような博物館では，学芸員（Curator）は学芸部門のうちいくつかの部門のスペシャリストとして何年か経験を積んだ者が担当できる職責であり，資格であるように思われます．したがって，そのような Curator は日本の博物館で言えば「主任学芸員」や「学芸課長（または部長）」といった役職の存在であり，日本の「学芸員」は欧米の大規模な博物館の Curator とは質的に異なっていると思われます．

　学芸員が学芸員としての活動を行うためには，欧米の大規模な博物館

のようにそれぞれの仕事を分担しながら，博物館活動を遂行することが必要と思います．しかし，研究だけの学芸員，収蔵管理だけの学芸員，展示だけの学芸員，教育・普及だけの学芸員というように完全に分業にしてしまうことは，博物館の活動にとってよいことでないと考えます．なぜなら，そのように分担されたそれぞれの学芸員は，それぞれが単に研究者，収蔵管理者，展示製作者，教育者，経営管理者であって，博物館の活動を総合的に行う学芸員にはならないからです．

　博物館のたくさんの仕事のうち，調査・研究・収集活動と，大量の収蔵資料の整理や管理に関して，それだけでも博物館の数少ない学芸員たちでできる仕事ではありません．例えば，日本博物館協会（2009）によれば，「収蔵資料をどれくらい登録台帳に記載しているか．」という質問に，「ほとんどすべて」という回答が53.2％で，「半分以下」の館が22.3％でした．この状況はそれ以前の調査結果と比較しても変わらず，資料整理が進展していないことを表しています．このように，日本の博物館では博物館の活動の基礎である収蔵資料の整理・登録が，他の仕事が優先されることから後回しにされて，十分に行われていないと思われます．

　そのため，学芸員だけでは十分にできない仕事を，できれば他の研究者や学生，地域の人々も含めて活動を展開できればと思います．そして，それができるのが本来の博物館であると考えます．最近では，博物館の展示や教育活動にも市民の協力を得て行っているところもあります．このような，いわゆる共同研究者やボランティアは，博物館にとっての博物館活動の大切な支援者であり協力者です．

　博物館は本来，ある「モノ」に関しての研究・収蔵・教育のコングロマリット（複合機関）であり，地域の人々のための研究・収蔵・教育機関である博物館は，さらに研究者や地域の人々もまきこんで立体的，そして地域にとどまらず地球的（グローバル）というように発展していかなくてはなりません．その意味で博物館の学芸員は，その「モノ」に対しての専門家（研究者）であることはもちろん，教育者であり，活動のリーダーまたはマネージャーでなくてはなりません．

第 **2** 章

博物館の歴史

──学芸の女神ムーサの神域──

図2-1　アメリカ，シカゴ市フィールド自然史博物館
（Field Museum of Natural History）

創立は1893年，ニューヨークのアメリカ自然史博物館と同様なテーマをもつ博物館で，職員数は600人，そのうちキューレータ（人類学，生物学，古生物学の研究者）が150人と，職員数ではニューヨーク自然史博物館の半分の規模といえます。敷地面積は上野の国立科学博物館とほぼ同じですが，建物が分かれていない分とても広く感じます。

1　博物館の起源と欧米の博物館

ムセイオン

　「博物館」は英語でミュージアム（Museum）といい，それは古代ギリシア語のムセイオン（Museion）がもととなっています．古代ギリシアでは，ムセイオンは学芸の女神であるムーサ（Musa：英語・フランス語の Muse）たちの神域を指し，やがてその語は広く学問研究や教育を行う場所を意味することとなりました．このムセイオンは，さまざまな場所につくられました．その中でとくに有名なのは，エジプトのプトレマイオス王朝が首都アレキサンドリアに設立されたムセイオンで，そこではアルキメデスやエウクレデス（ユークリッド）はじめ多くの学者や芸術家が共同生活をおくりながら研究や創作活動を行い，図書館や天文観測施設，薬草や解剖学の研究所，動物園や植物園などが整備されていました．

　しかし，ローマ時代になると，「すぐに役立つもの以外は値打ちがない．」という考えが強く，すぐに役立たない古代ギリシアの思想や文化は軽視されました．ローマ帝国崩壊後には，それまでの文化的な「モノ」はすべて破壊され，キリスト教がヨーロッパにおける中世の封建制社会を精神的に支える核となりました．そして，宗教的な弾圧により学問や文化の発展がほとんどみられなくなりました．

　中世ヨーロッパでは，キリスト教会が文化の中心であり，儀式のための工芸品などを教会内に展示することはありましたが，教会以外の学問や文化の発展は14世紀末に始まったルネッサンスまで待たなくてはなりませんでした．ルネサンス（Renaissance）とは「再生」や「復活」を意味するフランス語で，十字軍派遣によりイタリア商人が東アジアのイスラム文化と交流ができ，同時に富を蓄えられたことによりイタリアで始まり，やがて西欧各国に広まりました．ルネサンスは，一義的には古代（ギリシア・ローマ）の文化を復興しようとする文化運動であり，それにより芸術や科学が発展しました．

この時代には，聖職者だけでなく，市民や貴族・王侯がギリシア・ローマの古典文化を学び，個人の趣味や好奇心によってさまざまな「モノ」を収集するようになりました．こうした収集品は書斎の一隅に飾られ，来客に見せることを意識して陳列されるようになり，このような陳列室は「キャビネット」または「ムセイオン」と呼ばれました．

帝国主義国家から現代

現在のような収集・保管，調査・研究，展示・教育などの要素をもつ博物館は，18世紀から19世紀の産業革命や市民革命を経て，帝国主義国家として成長してアジアやアフリカに植民地を拡大したイギリスとフランスなどで誕生しました．博物館は，他地域から略奪または採集した「モノ」を収蔵し，またはそれらを育成して研究する場となり，それは国家の威信を体現し，一部は市民に公開される展示場となりました．なお，イギリスやフランスでは17世紀にすでに自然科学系の学会が設立され，知に関する情報交換が盛んに行われるようになっていました．

フランスのルーヴル美術館（Musée du Louvre）は，1789年のフランス革命以後に王政時代からの王室所有の美術品をパリのルーヴル宮殿に集めて市民に公開されたもので，1882年には学芸員や研究者を養成するエコール・デュ・ルーヴルを設置するなど，博物館の運営でもヨーロッパの中心であり続けました．同様に，パリの国立自然史博物館は，17世紀の「王立薬用植物園」の研究所を母体として，フランス革命下に王立だった植物園は一般に公開されるようになり，1793年には自然史博物館がその中に開館しました．もともと博物館は，研究所だったことから基礎研究とコレクションの管理と保管を主体としていて，ナポレオンの帝国時代には海外からの資料も増え発展しました．現在では26の研究施設があり，それらには「進化の大ギャラリー」のほか，「古生物学と比較解剖学のギャラリー」，「鉱物学と地質学のギャラリー」を併設し，自然科学の殿堂となっています．

アメリカ合衆国のスミソニアン博物館（Smithsonian Museum）は，アメリカを代表する科学，産業，技術，芸術，自然史の博物館群・教育研究機関複合体の呼び名で，スミソニアン学術協会が運営しています．この博物館群は，1829年に死去したイギリス人の実業家スミソニアンの寄付金をもとに，1846年に設立されたスミソニアン研究所が母体となっ

ています.スミソニアン博物館は,1856年に国立博物館としておもに自然史の標本を展示して開館しました.現在,スミソニアン学術協会の傘下には,「ナショナル・ギャラリー」,「動物園」,「自然史博物館」,「航空宇宙博物館」,「アメリカ美術館」,「フリアー美術館」などが首都ワシントにあり,その他にも多くの研究所や天文観測所,舞台芸術施設があります.

2 日本の博物館の歴史

奈良時代から江戸時代

　日本の博物館の歴史として，収集・保管など博物館機能を最初に果たしていたのは，飛鳥・奈良時代からの寺院や神社であったと考えられています．仏教伝来（538年）以来，仏像・仏画・仏教用法具などが，聖徳太子ゆかりの四天王寺，広隆寺（蜂岡寺），法興寺（飛鳥寺）はじめ，奈良時代以降には興福寺などの寺院に献納されています．奈良時代を代表する保管施設としては東大寺正倉院があり，「正倉」とは国家に収められた正税を保管するための蔵であり，正倉院は宝庫群を意味します．正倉院は校倉造りの建築法と曝涼という虫干し確認作業により，優れた収蔵保存が行われ，8世紀の天平文化以降の資料を現在まで継続して保存・保管している点では世界最高水準にあります．

　平安時代には，絵画などの作品が住居の内部を飾るようになり，鎌倉時代には書院造りに「床の間」が出現し，書画や美術工芸品が飾られ，茶会はそれらを鑑賞する場ともなりました．江戸時代になると，「見ること」，「見せること」が一般的になり，社寺による帳を開いて仏像や宝物を拝観できる「開帳」やそれを持ち出して公開する現在の移動展にあたる「出開帳」が行われるようになりました．また，中国で発展した薬物や植物の研究を行う「本草学」が日本に伝わり，独自の学問として発展しました．また，動物学や鉱物学の分野でも分類や収集観察が行われるようになり，物産会・本草会・薬品会などが開催されました．これらの会は，単なる見世物ではなく，知的な情報交換の場でもありました．1762年には平賀源内が東部薬品会を開催し，全国から動物・植物・鉱物など約1,300余点が出品されたといわれています．

明治時代

　日本における近代博物館は，幕末から明治初年にかけて行われた欧米での博物館視察と万国博覧会への参加により促進されました．明治政府

は，1870（明治3）年に物産局を設置し，翌年5月に「物産会」が東京九段坂で開催されました．また，明治維新における混乱と破壊により消失した文化財があった反省から，1871（明治4）年に「古器旧物保存ノ布告」が公布され，これは文化財保護を政府が法律化した最初のものとなりました．

同じ1871（明治4）年には博物局が設置され，博物館建設が始まり，1873年のウィーン万国博覧会のための出品資料の収集とともに，その収集品の一部が一般に公開されました．博物館に関することは，1875年に内務省と文部省の2つに分離され，「博覧会」を内務省系博物館が，文明開化による「学校教育」の実施を支援するための教育博物館を文部省系博物館が担うことになりました．この2系統の博物館は，その後幾多の変遷後，前者は現在の「東京国立博物館」に，後者は現在の「国立科学博物館」となって今日に至っています．

1881（明治14）年に農商務省が設置され，内務省博物局は農商務省博物局となり，殖産興業の博物館から美術館的博物館への方向性が示されました．1885（明治18）年には宮内省が設置され，博物館は正倉院とともにその管理下に入り，物産展示場のような展示会は1887（明治20）年以降，全国的に一般化しますが，博覧会と物産展示場は産業育成を，博物館は学術・芸術・教養に資するという性格がはっきりと区別されるようになりました．そして，博物館は1889（明治22）年5月に「帝国博物館」と改称され，歴史・美術・美術工芸を主とする現在の「東京国立博物館」へ発展しました．

国立科学博物館

一方，文部省の教育博物館は，1875（明治8）年に，江戸幕府の学問所であった湯島聖堂を改修して博物館が設置されて，それは「東京博物館」という名前で呼ばれました．この博物館は，収蔵品がなかったために標本収集に努め，1887（明治10）年に上野公園内に「教育博物館」として設立されました．この教育博物館の展示内容は，机や黒板など学校教育に必要な品物や実験道具，さらに学校教育で使用される標本などでした．この教育博物館のおもな目的は，「学校」というところがどのようなところかということを人々に教えるためでしたので，「学校」を展示することと，地方の学校からの依頼で学校教育に必要な教材や標本の

作成も行っていました．このような博物館でしたので，学校の整備が進み，学校教育が普及するとその役割を終えて，1890（明治23）年に文部省直轄から東京師範学校の付属となり，事実上の活動を終えました．

しかし，明治末期から大正初期になると，いわゆる社会教育（当時は通俗教育）や科学教育の重要性が高まり，とくに伝染病の流行があり防疫のための正しい生活の知識を庶民に普及することが博物館の大きな役割となりました．1914（大正3）年に教育博物館は文部省普通学務局に移管され，「東京科学博物館」と改名して，一般市民に科学の啓蒙をする機関として設立されました．

1939（昭和14）年に，東京帝国大学地質学教室の坪井誠太郎教授が，学者として初めてこの博物館の館長になり，これまでの博物館に研究部門が欠けていたことを指摘して，博物館の中に調査・研究活動を仕事に加えました．しかし，その翌々年に日本は開戦し，博物館の建物は軍に徴用され，高射砲隊が駐屯しました．戦争が終わったころには多くの標本が散逸して消失してしまい，戦火から逃れたものは標本の一部分と鉄筋の建物だけでした．

戦後の経済発展と科学技術の進展に伴い，「東京科学博物館」は「国立科学博物館」として三度目の再生を果たし，活発な博物館活動が行われました．1965（昭和40）年までに新らたな建物として，2号館と3号館がおもに理工系の展示館として建設され，さらにそれらの建物は2004（平成16）年に地球館として新たな施設となり，それまでのレンガ造りの旧館，すなわち日本館とともに現在に至ります．

1958（昭和33）年に日本学術会議が，動植物の分類学の重要性と，大学における標本の収集・保管に限界があることから，政府に「自然史センター」を設立するべきとの「自然史センターの開設の要望書」を提出しました．学術会議の提案では，自然史センターと国立科学博物館とは別のものとしましたが，政府は新宿にあった資源研究所の敷地に新らたに国立科学博物館の分館（新宿分館）をつくり，国立科学博物館に自然史センターの役割を与えました．ここで，国立科学博物館がはじめて自然史の研究を行い，その成果を展示と教育に活用する機関となりました．しかしその一方で，学術会議が提案した「自然史センター」は，その後も日本には設立されていません．なお，2001（平成13）年に国立科学博物館は，他の国立の博物館とともに独立行政法人となり，翌年には産業

技術史資料情報センターが併設され，2012（平成24）年に新宿分館（資料収蔵・研究施設）及び産業技術史資料情報センターは筑波地区に移転しました．

動物園や水族館

　上野動物園は，1882（明治15）年に日本最初の動物園として，農商務省所管の博物館付属施設として開園しました．それ以後，京都，大阪，名古屋に教育・研究・育成・娯楽の機能をもつ動物園が開館しました．小石川植物園は，約340年前の1684（貞享元）年に江戸幕府が設けた「小石川御薬園」に始まり，1877（明治10）年に東京帝国大学理学部付属植物園となり一般に公開され，現在では東京大学大学院理学系研究科附属植物園となっています．

　水族館については，鈴木（2001）によれば，1882（明治15）年に上野動物園内に「観魚室（うおのぞき）」ができ，1885（明治18）年には浅草水族館が開館し，その後1899（明治32）年に会社組織として浅草水族館が開館したとされます．一方，1890（明治23）年の第三回内国勧業博覧会に農商務省水産局が水族館を開設し，その後も博覧会での水族館の開設は続きました．東京帝国大学理学部付属三崎臨海実験所は，1886（明治19）年に開所し，1890（明治23）に側面にガラス窓のある水槽を設置し，1898（明治31）年に三崎臨海実験所が油壺に移転したときに水族館を併設して非公式ながら希望者に公開され，正式な公開は1909（明治42）年に始まりました．

　1928（昭和3）年に昭和天皇の即位の大礼が挙行され，その事業の一環に博物館振興に関する事項もあり，日本博物館協会の前身にあたる「博物館事業促進会」が設立されました．翌年の1929（昭和4）年には「国宝保存法」が制定され，社寺に限らず個人や地方公共団体の所蔵品も指定の対象となり，展示が義務づけられました．同年に文部省内に社会教育局が新設されて社会教育課が博物館を所管するようになり，それ以後多くの博物館が開館しました．

　1930年前後の昭和初期には博物館の第2次ブームがありましたが，太平洋戦争が始まり，戦時中に全国の博物館の多くは閉館し，貴重な資料が散逸しました．戦後，アメリカの占領軍（GHQ）が，日本の教育制度を改革した時に「日本には博物館がほとんどなく，あっても財政的に

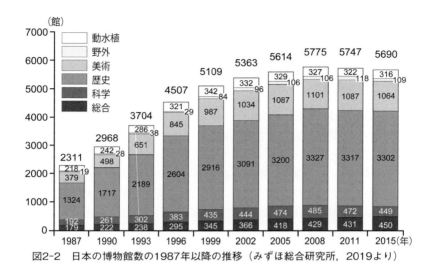

図2-2　日本の博物館数の1987年以降の推移（みずほ総合研究所，2019より）

貧弱で，何も行っていない.」という報告をしました.

戦後から現在

　戦後，「社会教育法」，「文化財保護法」など博物館に関する法律が整備され，1951（昭和26）年には「博物館法」が公布されました．1960（昭和35）年代からの好景気にあわせて，博物館の数は飛躍的に増加しました．1970〜80年代（昭和45年〜平成元年）には，高度経済成長の中，地方の公立博物館の建設や特色ある私立博物館も続々と開館し，さらに1990年代にも増加し，2008（平成20）年の統計では日本の博物館の数は5,775館と最大に達し，2015（平成27）年にはやや減少して5,690館となりました（図2-2）.

　2000年代以降，多くの博物館では施設のリニューアルが必要となり，また教育普及の重視，ボランティアの活動，ミュージアムマネジメントや博物館評価の導入などがあり，その活動も変化しました．また，国立の博物館が「独立行政法人化」し，公立の博物館については「指定管理者制度」が一部導入され，私立の博物館には「新公益法人法」が適用され，博物館の運営形態が従来とはいろいろと変化しました．この新しい運営形態はメリットもある面，芸術文化・学術研究の育成発展や文化財

保護など博物館の基本的立場や役割を揺るがしかねない問題を多く含んでいるとの声もあります．そんな中，驚くべきことに所蔵品をひとつももたない，借用品による特別展を活動の主体とする博物館（美術館）も出現しました．

　博物館とはどのようなものであり，博物館が今後どのような活動をしていかなくてはならないのか．そのために，私たちは，博物館とは何か，今，博物館は何をしなくてはならないかを考えなくてはいけないと思います．そのようなことは，それぞれの時代で問われたことと思いますが，現在もまさにそれが問われている時代と考えられます．

第 **3** 章

博物館の法規と分類

——博物館法による博物館——

図3-1　ふじのくに地球環境史ミュージアムのテーマ展示室
静岡県立の自然史系博物館として，旧静岡県立静岡南高等学校の建物を利用して，
2016年3月に開館した博物館で，それまで十数年間継続してきた自然学習資料保存
事業による50万点以上の標本を収めた収蔵室をもちます．

1 博物館法

博物館に関する法規と博物館法の目的

　博物館に関する法規には，「博物館法」があり，以下政令として「博物館法施行令」，「博物館法施行規則」，「博物館の設置及び運営上の望ましい基準」などがあります．また，文化財については「文化財保護法」が，文化芸術に関しては「文化芸術基本法」があります．「博物館法」と「博物館法施行規則」，「博物館の設置及び運営上の望ましい基準」については，この本の巻末（213〜229ページ）にほぼ全文を掲載していますので，参考にしてください．

　なお，資料収集などに関わる法規や倫理規定などについては，第4章の「博物館の資料と収集・登録」の「収集活動における規制と倫理」（49〜50ページ）を参照してください．

　博物館法には，博物館の定義とその事業，職員構成，学芸員の資格，運営の基準などが示されているほか，博物館の登録や博物館の種類（公立博物館，私立博物館，博物館に相当する施設）について書かれています．

　「博物館法」は1951（昭和26）年に制定され，2014（平成26）年に大きく改定され，最終改正が令和4年（令和5年4月1日施行）に行われました．最終改正された博物館法では，その法律の目的を「社会教育法（昭和二十四年法律第二百七号）及び文化芸術基本法（平成十三年法律第百四十八号）の精神に基づき，博物館の設置及び運営に関して必要な事項を定め，その健全な発達を図り，もつて国民の教育，学術及び文化の発展に寄与することを目的とする．」としていて，「社会教育拠点」としてのみならず「文化拠点」としての博物館のあり方にも対応するように「文化芸術基本法の精神」が加わりました．

　また，この改定では，日本の博物館のうち多数を占める登録されていない博物館，すなわち博物館法の枠の外にあるいわゆる「博物館類似施設」を博物館法上の登録博物館として取り込みやすくして，その枠内で

専門的人材の配置や養成，施設・設備の水準の確保や活動の充実を促進して，他の機関との連携協力を促す「ネットワーク」を構築しようとするねらいも含まれています．

博物館の定義と事業

　博物館法では，博物館を，「博物館とは，歴史，芸術，民俗，産業，自然科学等に関する資料を収集し，保管（育成を含む．以下同じ．）し，展示して教育的配慮の下に一般公衆の利用に供し，その教養，調査研究，レクリエーション等に資するために必要な事業を行い，併せてこれらの資料に関する調査研究をすることを目的とする機関（社会教育法による公民館及び図書館法（昭和二十五年法律第百十八号）による図書館を除く．）のうち，次章の規定による登録を受けたものをいう．」と定義されています．

　また，博物館の組織については，館長と専門職員としての学芸員を置き，「学芸員は博物館資料の収集，保管，展示及び調査研究その他これと関連する事業についての専門的事項をつかさどる．」として，博物館には学芸員が必要であることが定められています．

　博物館法では博物館の事業として，以下の内容が具体的に列記されています．

①実物，標本，模写，模型，文献，図表，写真，フィルム，レコード等の博物館資料を豊富に収集し，保管し，及び展示すること．

②分館を設置し，又は博物館資料を当該博物館外で展示すること．

③博物館資料に係る電磁的記録を作成し，公開すること．

④一般公衆に対して，博物館資料の利用に関し必要な説明，助言，指導等を行い，又は研究室，実験室，工作室，図書室等を設置してこれを利用させること．

⑤博物館資料に関する専門的，技術的な調査研究を行うこと．

⑥博物館資料の保管及び展示等に関する技術的研究を行うこと．

⑦博物館資料に関する案内書，解説書，目録，図録，年報，調査研究の報告書等を作成し，及び頒布すること．

⑧博物館資料に関する講演会，講習会，映写会，研究会等を主催し，及びその開催を援助すること．

⑨当該博物館の所在地又はその周辺にある文化財保護法の適用を受け

る文化財について，解説書又は目録を作成する等一般公衆の当該文化財の利用の便を図ること．

⑩社会教育における学習の機会を利用して行った学習の成果を活用して行う教育活動その他の活動の機会を提供し，及びその提供を奨励すること．

⑪学芸員その他の博物館の事業に従事する人材の養成及び研修を行うこと．

⑫学校・図書館・研究所・公民館等と協力してその活動を援助すること．

以上のように，博物館の行うべき事業は多岐にわたります．

博物館法における博物館の分類

　現在の博物館法では，博物館は「公立博物館」と「私立博物館」,「博物館に相当する施設」に分けられています．「公立博物館」は地方公共団体が設置する博物館をいいます．「私立博物館」は一般社団法人もしくは一般財団法人，宗教法人または政令で定める法人が設置する博物館をいい，その博物館が所在する都道府県の教育委員会に登録されたものになります．「博物館に相当する施設」は，国または独立行政法人に属するものは文部科学大臣が，その他のものは当該施設の所在する都道府県の教育委員会が，文部科学省令で定めるところにより指定することになります．

　2014（平成26）年に改定される以前の博物館法では，博物館は「登録博物館」と「博物館相当施設」に分けられ，「登録博物館」は都道府県の教育委員会が所管するものに限られていました．そのため，教育委員会の所管でない博物館（国立の博物館や公立でも教育委員会の所管でないもの，それと私立の博物館）は，国立の博物館を除き教育委員会の審査を受けて認められても「博物館相当施設」とされていました．この点で，2014年に改定された博物館法では，教育委員会の所管でない博物館でも「登録された博物館が『博物館』である．」と明確に定義されました．

　なお，登録を受けていない博物館は，2014年の改定前には「博物館類似施設」とされていて，それは日本全国に5,000館以上あるいわゆる博物館のうち3/4に及んでいて，今でもその数はあまり変わりません．す

なわち，日本の博物館といわれているもののうち，登録された「博物館」は1,286館程度（平成30年度の社会教育統計）しかなく，それ以外は「博物館類似施設」になります．

それらの登録されていない博物館，すなわち「博物館類似施設」に関しては，その根拠となる個別の法規制（博物館法）が存在しない状況にあるため，2022（令和4）年に改定されて，2023（令和5）年4月から施行される博物館法では，日本の博物館の多くが「博物館」に登録しやすいように，そして博物館として「社会教育施設」のみならず「文化拠点」として期待される活動に対応する形に改定されました．

公立博物館

2022（令和4）年4月に施行された博物館法では，「公立博物館」を地方公共団体の設置する博物館と定義され，教育委員会が所管しない地方公共団体の博物館も公立博物館となりました．すなわち，博物館は，国または独立行政法人が設置する博物館は「博物館に相当する施設」となり，それ以外はそれぞれが所在する都道府県の教育委員会で一定の審査を受けて「博物館」として認められて「博物館」として登録されることになります．そして，登録された博物館は教育委員会によって設置や運営に関して登録要件を欠いた場合に登録の取消を受けることがあります．

「公立博物館」は，博物館法第26条に「公立博物館は，入館料その他博物館資料の利用に対する対価を徴収してはならない．ただし，博物館の維持運営のためにやむを得ない事情のある場合は，必要な対価を徴収することができる．」とあります．すなわち，この条文では公立博物館は原則的に入館料が無料であるとしています．しかし，入館料が完全に無料の公立博物館は日本国内にほとんどないと思われます．

また，第23条には博物館の運営に関し館長の諮問に応ずるとともに，館長に対して意見を述べる機関として「公立博物館に，博物館協議会を置くことができる．」としています．この博物館協議会とは，地域の公立博物館としての運営方針を決定する部分に住民が参画できることを補償したもので，博物館法施行規則では「博物館協議会の委員の任命の基準を条例で定めるに当たって参酌すべき文部科学省令で定める基準」とされ，その基準は「学校教育及び社会教育の関係者，家庭教育の向上に

資する活動を行う者並びに学識経験のある者の中から任命することとする.」としています.

博物館の資料と機能による分類

収集資料による分類

　博物館はその収集する資料により，総合博物館と人文系博物館，自然系博物館に大きく３つに分けられますが，自然系と人文系を区別しない博物館もあります（図3-2）．人文系の博物館では，資料の性格から考古・歴史・民族などを扱う歴史系博物館と，美術品を扱う美術博物館（美術館）に分けられます．歴史系博物館には，各地方自治体が設置した歴史民俗資料館が含まれ，それは全国の博物館数の約半数を占め，ついで美術館が２割を占めます．美術館には古美術のほか，近代・現代美術，演劇，映画，漫画，建築など多彩な資料を扱うものもあり，社寺や宝物殿も美術館に分類されます．

　自然系博物館には，自然界を構成する資料を扱う自然史系博物館と，科学技術に関する資料を扱う理工学系博物館に分けられ，自然史系博物館には自然史博物館，動物園，植物園，水族館，昆虫館，地質・化石・鉱物などの博物館が含まれます．理工学系博物館には，科学技術博物館（科学館）や産業・農業・天文博物館などがあります．

機能による分類

　博物館は「博物館資料を豊富に収集し，保管し，及び展示する．」といっても，博物館の設置目的や活動方針によって機能が異なる博物館が区別されます．機能による博物館の分類では，①保存機能型，②研究機能型，③教育機能型，④展示機能型に大きく分けられ，それぞれの中間型もあります．

　①保存機能型：所蔵している資料を確実に保存し後世に伝える使命を
　　優先させた博物館で，社寺の宝物殿やコレクションをもつ美術館，
　　個人記念館も地域の歴史民俗資料館が含まれます．

　②研究機能型：充実した組織と研究体制をもつ国立系博物館や中規模
　　以上の博物館で，調査研究が主体で，その研究成果が研究報告など

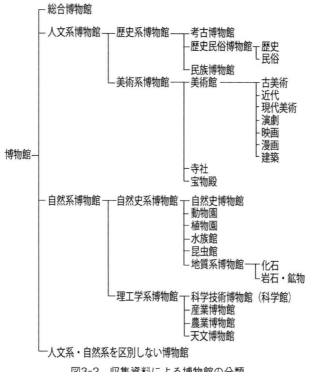

図3-2　収集資料による博物館の分類

で公表され，展示に反映されるような博物館です．なお，欧米では展示室をまったくもたない収蔵・研究機能型に特化した博物館もあります．

③教育機能型：講演会や各種体験学習など教育事業に重点をおく博物館で，資料の収蔵室をほとんどもたない教育活動に重点をおく科学館などが，その例としてあげられます．

④展示機能型：展示や特別展などの公開を主体とした博物館で，展示館としての博物館であり，収蔵品などの資料がなく借用資料で展示会を開催する美術館などその典型です．そのような博物館には，施設としての展示室と展示会のプロデューサーとしての学芸員しかいない場合があります．

このように，博物館はその機能をみても個々に異なり，多様です．こ

のような博物館の機能は，博物館の組織の活動目的と人員構成，利用者のニーズなどによって決まります．博物館本来の機能（調査・研究・採集・収蔵・保管・展示・教育）のうち，いくつかの科学館や美術館のように資料や収蔵室をもたないものなど，本来の博物館の機能のいくつかをもたない博物館は，私は本来の「博物館」とは異なるものと考えます．

第4章

博物館の資料と収集・登録

―宝の蔵への収納―

図4-1　植物さく葉標本の登録作業
（NPO 静岡県自然史博物館ネットワーク）

1 博物館資料

博物館資料とは

　青木（1999）によれば，「博物館は専門領域とする範囲内の多くの博物館資料を基礎として，各博物館が収蔵する独自の資料を媒介としてその活動を行う.」としています. さらに, 博物館資料には以下のものがあるとしています.

＊その博物館の収集理念に基づき収蔵された資料
＊博物館の主たる機能に積極的に関与した資料
＊博物館学的取り扱いが加わった資料
＊博物館学的資料

　資料が含む情報を抽出することが博物館の研究であり, とくに各分野に限定せずに, あらゆる学問領域から総合的（学際的）に情報を抽出することが本来の博物館の研究方法で, それがなされたものが本来の博物館資料であるとされます. また, 博物館資料は, 博物館という研究機関において収蔵保管され, 研究された, もしくは今後も断片的に研究対象となりうる要素を含むものです.

　博物館資料には, 青木（1999）によれば, 実物資料と間接資料があります. 実物資料（一次資料）は実物そのものであり, 間接資料（二次資料）は一次資料を何らかの技法で「記録」することにより発生した資料です. 間接資料には, 複製, 模造, 模型・模写, 写真, 拓本, 実測図, 文字記録などがあり, 解説パネル類は博物館資料に含めません.

　資料の価値について, 青木（1999）は, 絶対価値と創造価値に分けることができるとしています. 絶対価値とは, 美術的, 伝統的価値とそこから派生する経済的価値, 文化財としての希少価値であり, 人文系博物館の資料では学術的価値が一般的な資料価値となります. 歴史資料と美術資料の多くは, 希少価値を根本的に有する資料類です. 創造価値とは現在創造されている「モノ」の価値ですが, それには希少価値は乏しいですが, 収集後に資料としての価値が導き出せるものがあります.

価値とは，社会生活（実践）そのものの中で検証されていくもので，流動的で人為的，主観的なものです．そのため，現在の価値が低くても将来に価値が認められるものもあります．また，資料が複数になることによって，情報が増加する価値を相互価値と呼びます（青木，1999）．

　相互価値の例として，1877（明治10）年に大森貝塚を発見したモース（E. S. Morse）が，その当時の日本の陶磁器や民具，生活雑貨まであらゆるものを収集し，さらに住居や服飾などをスケッチ，図面や写真で記録した「モースコレクション」があげられます．このコレクションは，モースが館長を勤めたアメリカ合衆国マサチュセッツ州セイラムにあるピーボディー・エセックス博物館に保存されています．これは，当時の日本人の生活に係るほとんどすべてのものが保存されているために，現在では当時の日本人の生活を知る貴重な資料となっています．それらは断片でなく，完全なる集合として遺存するため，価値の高いコレクションとなっています．

　ちなみにモースは，アメリカのハーバード大学で，氷河時代があったことを明らかにした化石魚類学者のアガシー教授（J. L. R. Agassiz）の助手を務めていて，アガシー教授がダーウィンの進化論を否定していたので，シャミセンガイなどの腕足動物の進化からそれに反論をしようと，日本でシャミセンガイが採集できると知り，1877年6月に単身日本に来ました．そして，文部省に海岸での生物採集の許可を得るため横浜から東京に行くために乗った横浜－新橋間の蒸気機関車の車窓から大森貝塚を発見しました．また，モースはその後に東京帝国大学の教授を，一時帰国をはさんで2年間勤めて，日本で初めてダーウィンの進化論の講義を行い，大学運営などでも日本の高等教育の発展に大きく貢献しました．

　以下に，博物館資料の実物資料である一次資料と，その記録にあたる二次資料（間接資料）の詳細について，青木（1999）を参考にして解説します．

一次資料

　一次資料とは実物資料そのものであり，製作資料と標本資料に分けられます．人文系のものとしては人類の文化活動に関する資料で，自然系のものでは自然界に存在する事物と現象，理工系では理化学・工学・産業技術資料です．一次資料では，材質・形状が乾燥などにより変化する

ものがあるため，それらを資料化のための保存処理された実物資料も含まれます．資料の保存処理としては，樹脂浸透処理や剥製，液浸などがあります．

　また，一次資料には，一次製作資料と一次標本資料があります．一次製作資料には，実物製作資料と情報製作資料があり，それらには以下のものがあります．

　①実物製作資料：生きものの増殖，美術品の創作，製品の製作．

　②情報製作資料：研究の成果に基づき描かれた復元図・推定図・予想
　　図，映像，論文など文章．

　一次標本資料，すなわち「標本」は，同一物が数多く存在する一群から一部を抽出したものであり，いわゆる Mather から取り出した Sample にあたります．標本は自然科学の分野では，研究結果や種の同定などを保証する重要な証拠物であり，標本は集団であることにより種や種類の多様性または個別性を認識する証拠として資料価値を有します．また，標本はそのままでは保存や研究ができないものや，腐敗や破損してしまうものがあり，そのため個体もしくはその一部に保存や研究のための処理を施したものがあります．

　一次標本資料（標本）は，保存や研究のための処理の施し方により，以下のように分類されます．

　①普通標本：実物そのままで，何もとりたてて処理はしないもの．

　②乾燥標本：実物を乾燥させた標本または乾燥した標本（図4-2）．

　③さく葉（押し葉）標本：植物や海藻などの標本で（図4-3），広義の
　　乾燥標本．

　④剥製標本：内臓や肉を除去し皮膚のみに防腐処理を施し外形を保存
　　した標本（図4-4）．

　⑤液浸標本：乾燥標本に適合しない硬い外皮をもたず腐敗しやすい魚
　　類などの資料に施されます．ガラス瓶などに10％の中性ホルマリン
　　溶液または70％エタノール（エチルアルコール）溶液を入れて資料
　　を浸し，密封します．溶液の交換と収蔵管理など取り扱いに手間が
　　かかります．

　⑥埋没（封入）標本：樹脂の中に資料を封入する標本で，乾燥した資
　　料から乾燥標本に適合しない資料まで施されますが，処理に手間が
　　かかり資料を取り出すことが困難な場合もあります．

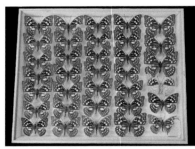

図4-2　昆虫標本（オオムラサキ）
（ふじのくに地球環境史ミュージアム）

図4-3　さく葉標本
（NPO 静岡県自然博ネットワーク）

図4-4　剥製標本
（ふじのくに地球環境史ミュージアム）

図4-5　地層の剥ぎ取り標本
（東海大学自然史博物館）

⑦樹脂浸透標本：資料に樹脂を浸透させた標本で，内臓などに施した
　プラスティネーションなどもあります．
⑧遺構移設標本：遺構などを保存可能な場所に移設した標本．
⑨土層剥ぎ取り標本：土層や地層に直接接着剤のついた布で覆い，そ
　のものを剥ぎ取った標本（図4-5）．
⑩プレパラート標本：顕微鏡観察資料として，対象資料の一部または
　全体，集合をプレパラート上に保存した標本．

自然史標本とその役割

　博物館資料のうち自然史博物館の一次標本資料，すなわち標本とは，
すでに述べたように，同一物が数多く存在する一群から一部を抽出した
もので，自然史分野で研究用あるいは教育用に個体もしくはその一部に
保存のための処理を施したものをいいます．自然史研究では，自然界に

存在するあらゆるものを対象とするため、採集したすべてのものは標本として重要です。自然史研究の対象物は空間的及び時間的に異なる様相を呈するために、同じ種または種類のものであっても異なる場所または異なる時間に採集されたものはまったく同一のものではありません。また、同一種とされていた個体群に類似した複数の種が混在した例もあり、自然史研究の客観的な証拠として採集物を標本として保存することは重要です。そのため、標本となる採集物については、「いつ」・「どこ」で採集されたかという採集データがなければ、それは客観的な証拠としての価値が低くならざるを得ません。

標本は、生物種または種類のタイプ標本（模式標本）として同定のよりどころとなり、成分分析に関する研究材料の証拠、分布や調査結果の証拠として、すなわち研究結果を保証する証拠（証拠標本：Voucher specimen）としての役割があります。また、標本は多く集めることによりその多様性変化の証拠となり、そしてその分布や環境、さらに時代によるそれらの変化について知ることができ、生物種または種類についてはその種をより理解することの資料ともなります。なお、標本は他の研究材料の同定や教育にも活用されます。

佐久間（2010）は、標本について以下のように述べています。「珍品や見栄えのいいものだけが標本として価値をもつものでなく、標本はそれ自体が充実したフィールドワークと、発見と観察、記録の成果である。そして、よい標本をつくるためには、どこでどのように採集できるかという生態的知識と、その種の特徴を正しく残すために何が必要かといった分類学的知識、さらによい状態で標本化するためにはどういう処理が必要かといった方法論、すべてを兼ね備えていなくてはならない。そして、標本は科学的研究の基礎をなす『再検討の可能性』を保障するものであり、今後のさらなる研究の基礎となるものである。また、標本の価値は、素材だけでなく、採集者の目利き、確かな標本化と記録のスキル、そして研究による付加価値の付与によって大きく変化する。」

これら上述した標本の役割があることから、博物館では標本を採集することが重要な業務のひとつとなっています。標本のない、また標本を採集しない自然史博物館は成立しません。博物館はその設置目的や研究目的にそって、収集目的と収集範囲を明確にして、多くの標本など資料を収集しなくてはなりません。

二次資料

　二次資料とは，一次資料を客観的に記録した「モノ」であり，二次製作標本として以下のものがあります．二次資料は，博物館による調査・研究活動によって発生することから重要で，二次資料が少ないことは博物館における研究活動の欠如を示します．

①複製：平面的な資料の模倣したものを意味し，立体的なものは模造といいます．

②模造：実物から型取りまたは計測して立体的な同一の形を作成したもので，キャスト（型取りで製作した模造）またはレプリカ（キャストに色をつけて似せた模造）と呼ばれます（図4-6）．型取りは，シリコンや石膏などで行われ，その型に石膏や繊維強化プラスチック（FRP：Fiber Reinforced Plastics）などを埋め込み模造がつくられます．また最近では，3Dスキャナーで立体的計測データをとり，それをもとに3Dプリンターで模造または模型を作成することができます．レプリカは実物そのものではなく模造ですが，実物から型取りまたは計測して作成したものなので，形としては本物と同じく形態的記載に使用でき，学術標本としても十分に意味あるものです．模造の目的は，保存・研究・展示に利用するためにあり，それぞれの目的で最低3点必要です．

③模型：模した型であり，実物を模倣し，具象化したもの．縮尺が選択でき，推定や復元もでき，一次資料に含まれるものもあります．

④模写：作品を忠実に再現し，あるいはその作風を写し取ることで，実物にある汚れや剥落をそのまま写し取る剥落模写と，それらを復元して写し取る復元模写があります．

⑤拓本：凹凸のある石碑，器具（硯，青銅器など）に紙や絹を被せて密着させて，その上の文字や模様を写しとること．歴史資料に対して損傷を与える場合があり，直接法は試みてはなりません．

⑥実測図：実測して作成した図で，最近では3Dレーザー計測により3D映像化もできます．

⑦写真（ハードプリント）：客観的記録で，絵画などを撮影したものでは色彩を同じにする必要があります．

⑧映像：画像や動画など装置や媒体に記録されたもので，静止映像と

図4-6　ステラーカイギュウのレプリカ
　　　（東海大学自然史博物館）

図4-7　アメリカバイソンのジオラマ
　　　（アメリカ自然史博物館）

　動態映像があります.

⑨文字記録：文字によって資料を記録したもの. 推定や創作を排除した記載です.

二次製作資料を複合した二次複合製作資料には以下のものがあります.

①パノラマ：半円球の背景の画面の中に展示物を配して立体感を現わした大規模な展示装置.

②ジオラマ：透視画法的に視点を１点に定めて遠近感を発生させて展示物とその周辺環境と背景を立体的に表現した展示方法（図4-7）.

２ 資料の収集から登録

資料の収集

　資料の収集には，採集，発掘，購入，寄贈，交換，寄託，借用，製作・繁殖・育成があります．柴田ほか（1973）を参考に，収集方法を解説します．

①採集：おもに自然物から必要なものを選択して収集することをいい，現地にて直接資料を入手する方法です．採集には，事前に文献や現地調査で採集対象物の存在を確認し，その諸特性や採集方法を十分に把握し，さらにその採集許可や許諾が必要であれば，それを取得しておきます．

②発掘：埋蔵考古資料や大型化石などの採集をすることを発掘と呼び，採集と同様の事前調査と許可が必要で，採集するための準備や技術が必要となります．

③購入：所有者から直接購入する場合と，業者から購入する場合があり，購入した資料は，博物館の備品として永久的に保管責任が問われる場合があります．また，購入資料が関連する法規や条約などに抵触していないかを確認する必要があります．

④寄贈：所有者の自発的意思により，博物館が無償でその資料を入手する行為を寄贈といいます．

⑤寄託：博物館が所有者から保管を依頼され契約を結んで資料を預かることで，博物館の収蔵資料と同等に公開や研究用に使用されます．

⑥借用：所有者の同意のもとに一定期間博物館内に持ち込まれた資料をいい，展示や研究に利用されますが，所有権は所有者側にあるため，資料の取り扱いについて所有者と取り決めが必要です．

⑦製作・繁殖・育成：博物館職員が製作または繁殖，育成した資料を受入れることです．

収集活動における規制と倫理

　資料の採集にあたっては，法的規制に係ることが多く，そのような場合，細心の注意を払って許可を得て採集を行います．また，法的な規制がなく，権利所有者もない場合でも，道義的なモラルに反するような採集は行うべきではありません．

　収集において注意すべき関係法規には，国立公園法などさまざまな法律に留意して許可申請を行い，地主や管轄水域の承諾を得なくてはなりません．購入にあたっては，とくにワシント条約や原産国の文化財や輸出入に関する法律などに留意する必要があります．最近では，とくに博物館だけでなく，公的機関や組織の倫理が問われることが多く，それらに係る業務に関しては博物館独自でも倫理規定を明文化しておく必要があります．

　以下に，標本収集における関連するおもな国内法と，海外とのおもな関連条約，倫理規定などを以下に示します．採集や購入，寄贈・寄託など博物館が行う資料収集活動に関しては，国内外の法律に準拠し，倫理的にも配慮して行われなければなりません．

①野生生物保護及び自然保護関係法（国内法）

　「絶滅のおそれのある野生動植物の種の保存に関する法律」，「鳥獣保護法」，「自然環境保護法」，「自然公園法」，「都市計画法及び生産緑地法」，「都市公園法」，「森林法」及び「海岸法」，「温泉法」，「文化財保護法」．

②関係国際条約

　「生物の多様性に関する条約（ユネスコ条約）」，「世界の文化遺産及び自然遺産の保護に関する条約」，「絶滅のおそれのある野生動植物の種の国際取引に関する条約（ワシントン条約）」，「武力紛争の際の文化財保護のための条約（ハーグ条約）」，「私法統一国際協会条約（ユニドロア条約）」．

③国際博物館会議（ICOM）の職業倫理規定

　「いかなる物件であれ，購入・寄贈・遺贈・交換により博物館が正当な法的所有権を得，その原産地内で又は原産地から，或いは法的な所有権が存した中間国から，その国の法律に違反しないで取得することを管理者母体又は責任者が確信しないならば，資料の取得は

行われるべきでない.」

④原産国の法律

　例として，中華人民共和国の「文物保護法」，オーストラリアの「文化材保護法」と「国立公園」と「野生生物の規制」，カナダの「文化的財産の輸出入に関する法律」などに注意する必要があります.

人文系の資料の受入と登録

　人文系の資料の受入に関しては，印南（2012）を参考に述べます.

　受入には，現地で詳細に観察し，記録することから始まります. 現地での現状記録に基づいて，その後の搬入方法や整理方法について検討します. 博物館に搬入された資料は，荷解き室で荷解きされてから，クリーニングをして，埃や汚れを落とし，害虫やカビなどが付着している場合もあるのでそれらの駆除を行います. これらの処理が終わった資料は，整理作業室で，受入原簿に受付番号をつけて記載し，民具などでは搬入時の荷札を外して，ペイントなどで資料に直接受入番号を書き込みます. 複数の資料が組み合わさってセットになっているものは，１セットでひとつの受入番号にして，その番号の後に枝番をふります. 文献資料などは，未整理のまま一度に搬入されるため，それぞれの受入先で区別して整理を始め，そのまとまりの中で正式な資料名や点数が決まります.

　受入番号が決まると，以下のような資料整理を行います.

①資料の写真撮影や計測などの基礎データを作成します.

②資料鑑定をして資料の学術的価値を客観的に評価します.

③これらのデータと評価を１点ごとに資料原簿（カード）に集約します.

④資料の傷み具合によって修理や修復を行います.

　資料原簿に記載する項目は，分野にかかわらず共通する項目と，異なる項目がありますが，以下のような項目になります.

　登録番号，受入番号，資料の名称，所有者名とその住所，保管者名とその住所，作者名または使用者名（発掘者），発掘地（遺跡名）または採集地（製作地），作成された時代または使用されていた年代（製作年代），法量（寸法）または形状や材質，点数，由来，収集方法，収集年月日，写真番号，文化財指定の有無，調査者，参考文献，備考などがあ

ります.

　民具の名称については，地域によってその名称が異なる場合があり，資料の名称について地方で使用されている名称と標準的な名称（標準名）を記入する2つの欄をもうけるのが普通です．そして，標準名については，「日本民具辞典」（日本民具学会，1997）を参考にします．なお，このように同じものに異なった名称がある場合や曖昧な名称の場合は，類語辞書（シソーラス）を整備しておくと記載や検索する時に便利です.

自然系の資料の受入と登録

　自然系博物館での実物資料の収集から標本化及び標本登録には，以下のような過程があります．以下に，自然史博物館における標本登録の例を示します.

①既存資料調査：従来の調査報告や他資料からのデータ抽出を行います.

②現地調査：分布や産出・生息状況の現地調査を行い，採集計画を作成します.

③資料採集：②と同時に行う場合もあります．採集した資料に採集番号と運搬のための包装を行います.

④資料の搬入と受入：搬入のための処理（洗浄，燻蒸，乾燥，保存処理）を行い，受入番号をつけます.

⑤標本化のための処理：整形，展翅，クリーニング，プレパレーション，剥製，骨格化などを行います.

⑥標本の記載と分類：標本の分類を行い，標本に受入番号と分類名（標本名ないし学名）を記したラベルをつけ，計測と写真撮影をして，特徴の記載を行い，資料原簿（標本カード）に記載を行います.

⑦標本整理と標本受入：標本群の保存収納と標本リストを作成します.

⑧標本評価：標本の質やその資料としての重要度によって評価し，登録すべき標本を選択します.

⑨標本登録：登録する標本に登録番号を付し，登録原簿（標本登録データベース）に登録します.

⑩標本保管：保管場所に整理して保管し管理します.

　この過程の中で，⑥の標本の記載と分類の作業の計測と写真撮影は必ずしも必要ではありませんが，標本が何であるかという分類や学名の同

定は必要です．また，個体数が複数の場合や，破損して不完全なものなどもあるので，場合によって複数あるものはひとつとして取り扱います．

収集資料の受入と取り扱い

収集資料の博物館内への搬入や取り扱いについては，人文系でも自然系でも学芸員として細心の注意が必要です．それは受入をする資料に対してと，博物館内部に外部のものを搬入するという両面で注意が必要です．受入資料に対しては，それが傷ついたりせず原形のまま搬入して安置できるかということが重要であり，博物館内部に対しては資料に付着した外部の害虫類などをできるだけ入れない配慮が求められます．

受入資料に対しては，とくに美術系資料ではその点で細心の注意がはらわれます．受入時には，資料の状況や構造の確認などはもちろん，担当者の身支度や，手洗いにも気をつける必要があります．考古資料では，収蔵室内から室外，または室外から室内への移動については急激な温度や湿度変化が起きないように，前室で温湿度に慣らすために一定期間仮置き（慣らし：シーズニング）をします．また，遺物や民具，自然史資料なども，収蔵室に搬入する前に汚物や害虫，カビなどを除去するための清掃（クリーニング）や燻蒸ないし防虫処理などが必要です．また，荷解き室（仮置き室）に搬入する際にも，できるだけ扉やシャッターなどの開閉は短時間に行い，館内に外気を入れない工夫が必要です（図4-8）．そのため，一次的な搬入の場所（荷解き室）と，保存のための収蔵室のような二次的な場所は区別して，受入作業でも一次受入と二次受入の工程を区別して行います．

自然系の資料の標本化と収納

人文系の資料の場合は，受入資料に処理を加えることはあまり行われませんが，自然史資料については資料を同定し，保存に適したものにする標本化の処理が必要です．それには，大きく乾燥標本，液浸標本，封入標本に分けられ，各分野によりまた研究目的と手法によりその方法が異なります．標本の作製方法については，「標本学―自然史標本の収集と管理」（国立科学博物館，2003）や「標本の作り方―自然を記録に残そう」（大阪市立自然史博物館，2007）などを参考にしてください．

動物などの乾燥標本では，腐敗しやすい内臓や肉片を除去して革だけ

図4-8　資料搬入場（右）と荷解き室（左）（静岡市立登呂博物館）
館外と搬入場（トラックヤード），搬入場と荷解き室の間にはシャッターがあり，荷解き室の左側にはエレベーターがあります．資料は，搬入場から荷解き室に入るとその間のシャッターで隔離され，荷解き室で「慣らし」のあと荷が解かれ，クリーニングされてエレベーターで収蔵スペースに運ばれます．

にして防腐処理後に外形を保存する「剝製標本」や「フラットスキン標本」（図4-9），骨格のみを組み上げる「骨格標本」（図4-10）があります．「骨格標本」は，ある程度徐肉した後に，骨に残った肉をとる方法として，地面に穴を掘って砂に埋める方法やカツオブシムシに食べさせる方法，タンパク質分解酵素または除菌ハイターとワイドハイターなどの漂白剤を使用する方法（佐々木・岡，2010）があります．

　昆虫類の乾燥標本は，展翅（図4-11），展足などにより整形後に自然乾燥させます．また，急激な乾燥により形態が変化する幼生期のものは凍結乾燥させる方法が用いられます．

　作製された昆虫標本は，標本箱に収納します（図4-12）．標本箱はドイツ箱と呼ばれる蓋のしっかり閉じる木製のものが長期保存に適しています．ドイツ箱に入れるのは防虫のためで，用心のために衣料用の防虫剤を入れておきます．標本にカビが発生したり防虫剤の結晶が溶け出したりしないように，温度変化の少ない湿気の低いところ，さらに光があ

図4-9　アカネズミのフラットスキン標本
（NPO 静岡県自然史博物館ネットワーク）
動物の革を型紙にはめこみ，頭骨標本をいっしょにサンプル袋に
収納します．

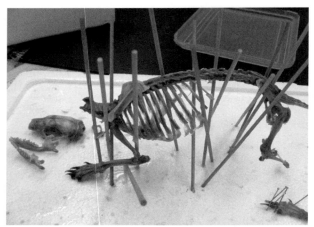

図4-10　アムールハリネズミの骨格標本組み立て
（NPO 静岡県自然史博物館ネットワーク）
竹串やピンなどで補助して整形しながらグルーガン（樹脂）や接
着剤などで，骨格を立体的に組み立てます．

たらないところに保管するべきで，できれば標本箱は標本タンスなど扉
のついた棚に収納します．
　昆虫標本はムシピンを刺して固定し，そのムシピンにラベルを刺して
おきます．ラベルには登録番号，種名，産地，採集日，採集者などの情
報を記載します．なお，採集時のラベルと登録時のラベルなど複数をピ

図4-11　チョウの展翅（モンキアゲハ）
（NPO 静岡県自然史博物館ネットワーク）
展翅板にチョウをのせ，形を整えます．

図4-12　オサムシの仲間の甲虫（昆虫）標本
（NPO 静岡県自然史博物館ネットワーク）
昆虫標本を刺したムシピンに標本ラベルも刺してあります．標本はドイツ箱に入れ
て密閉して保存します．

静岡植物研究会標本

さといも 科

スルガテンナンショウ

Arisaema yamatense Nakai var. sugimotoi Kitam.

採集地： 静岡県浜松市天竜区龍山町瀬尻，旧開　標高　470 m
採集日： 2015. 05. 20　　　メッシュ： 中部2 1
採集者： 藤　浅　保　雄　　　同定者：
標　考： 花，N35° 90′ 20. 29″　E187° 47′ 54. 56″
　　　　　　　　　　　　　　　　　No. YY077442

図4-13　スルガテンナンショウのさく葉標本
（NPO 静岡県自然史博物館ネットワーク）
乾燥させた植物を台紙にのせて，形を整え，テープでマウントし
てつくります.

ンに刺しておくと，その標本の履歴などがわかります.
　植物は，新聞紙の間などで乾燥させた押し葉を台紙の上に置き，見や
すいように整えて，台紙に標本を貼りつけて固定（マウント）して，ラ
ベルをつけて「さく葉標本」にします（図4-13）. マウントは一般には
幅4〜5 mm の和紙テープに糊をつけたもので行いますが，和紙の代わ
りにポリエチレンラミネート紙のテープ（「ラミントン」名で販売）を

56

図4-14　チョウチンアンコウの液浸標本
（東海大学海洋科学博物館）

電気ハンダゴテで溶着して貼る方法もあります．または，糸で縫いつける方法もあります．標本館（ハーバリウム）によっては標本の裏面全体にのりやボンドなどの接着剤で貼りつける所もあります．なお，セロハンテープはすぐに劣化するので使用しません．

　魚類などは，「剥製標本」や「骨格標本」もありますが，一般的に70％エタノール溶液または10％中性ホルマリン溶液で固定した「液浸標本」にします（図4-14）．エタノール溶液については，大量貯蔵は費用もかかり，消防法の制限もあります．魚類の骨格を染色した「透明標本」（福原・田中，1987；河村・細谷，1991）では，微量のチモールを添加した100％グリセリンを使用します．また，展示用にプラスチックに封入した標本もあります．「封入標本」には，顕微鏡観察のためのプレパラート標本も含まれ，それにより外気との接触を遮断し劣化を防ぐことができます．

　魚類などの液浸標本ではホルマリン処理するため，また植物などの乾燥標本では温熱乾燥のため，DNAなどの分子構造が通常保存されません．今後，自然史博物館で収蔵される生物種標本に対して遺伝情報解析でのニーズが発生することが予測されるため，可能な場合標本組織の一部を99％エタノール中に凍結保存するなどの方法で，系統的に試料を作製・保存することも検討する必要があります．

資料の写真撮影

　資料を登録するにあたり，資料の写真撮影をします．写真撮影には，一般に撮影室で三脚または撮影台（接写台）に固定した一眼レフカメラで撮影します（図4-15）．資料撮影に用いられるカメラの種類やその写真技術はさまざまで，またはそのデジタル画像を Photoshop などの画像ソフトにより修正するテクニックもあります．したがって，ここではカメラ撮影における基本について簡単に述べます．

　カメラとは被写体からの光をレンズなどの光学系の仕組みを用いて画像として撮影するもので，以前はフィルムなどの化学的な感光材料に写して撮影していましたが，現在のデジタルカメラでは感光を電気信号に変換する部品（撮像素子）を用いています．一眼レフカメラは，撮像素子に写る画像を鏡で反射（レフレックス）させて，それをスクリーンに投影してそのままファインダー像とするカメラで，レンズを交換することで望遠・接写・広角などいろいろな条件の撮影が可能です．

　カメラで撮影した画像の明るさは，どれだけの光の量を撮像素子に当てるかで左右されることから「露出」といわれ，それはシャッタースピード（S値）と絞り値（F値）とによって決定されます．シャッタースピードとは，シャッターが開いている時間のことで，シャッタースピードを速くするとシャッターが開いている時間が短くなるため，光が撮像素子にあたる時間が短くなり，暗い写真になります．絞り値とは，レンズを通って撮像素子上に写る像の明るさのことで，絞り値を大きくすると光が入りにくくなり，撮像素子上に写る像が暗くなります．逆に絞り値を小さくすると，光が多く入って撮像素子上に写る像が明るくなります．

　絞り値を変えれば被写界深度が変わります．被写界深度とは，ピントを合わせた位置に対してその前後のピントが合う範囲をいいます．ですから，立体的なものを撮影する時にはできるだけF値を大きくして被写界深度を深くします．この場合，絞りによって入射する光量が少なくなるのでシャッターを開けている時間（S値）を長くしなくてはなりません．そうすると，手持ちのカメラで撮影するとカメラが動いて被写体の画像にブレが生じます．手持ちで撮影する場合，ブレにくくするには最低でもS値が1/60（秒）必要です．そのため，動かない資料の写真撮影をする場合，S値を自由に選択できるように，カメラを三脚や接写

図4-15　資料の写真撮影の接写台と補助照明など
標本（貝）表面の凸凹に影ができるように左側に反射板（レフ
板）をおいて左右の光量を変えています．

台などに固定して，レリーズまたはセルフタイマーなどで遠隔でシャッ
ターを切り，シャッターを切る時の手による衝撃をなくして撮影するよ
うにします．

　入射する光量が少ない場合には，フラッシュやライトなどの補助照明
を用いるか，カメラの感光側の感度（ISO 感度）を高くします．ISO 感
度が800以上になると写真の粒子が粗くなるので，資料写真の場合それ
以下で撮影します．補助照明を使用すると，資料のコントラストが強く
なり，資料に影や照りなどが発生します．しかし，それがあることによ
り立体的な写真を撮影することができ，資料の特徴を出すこともできま
す．資料写真は，ピントがきちんと合っていることと，その資料の特徴
がきちんと写し出されていることが重要ですので，その点を考慮して撮
影をしてください．

　立体的で厚みのある資料については，ピントを少しずつずらした画像
を何枚か撮り，画像ソフトで深度合成をしてどこの部分でもピントの合
った写真を作成する方法がありますが，その機能のついたカメラもあり
ます．立体的でない平板な資料については，カメラを用いずフラットス
キャナーで画像にする方法もあります．資料や標本の撮影の仕方につい

ては，カメラや画像機器の進歩もあり，またそれぞれの資料により，研究分野や撮影者によりさまざまな方法があります．そのため，どのような画像が必要かにより，機器の性能や特性にあわせて資料の撮影方法を工夫して研究してみてください．

収蔵資料の登録

　資料を収蔵するためには，個々の資料について，博物館での登録番号を設定し，資料データを記載し，収蔵場所を決定しなければなりません．登録番号は，各博物館によって定められた方式にのっとり，異なった資料に同一の番号が振られないように決められます．また，資料が多くの分類群にまたがる場合，それを扱う学芸員が扱いやすいように大分類の受入分類コードを設定する場合があります．

　生物系では資料（標本）について種の同定（学名を決定すること）がなされなくてはならなりませんが，種の同定については専門的知識とその分野の分類学を学んでいなければならず，学芸員の専門性が生かされます．標本の登録項目としてはまた，その標本が「いつ」「どこで」採集されたかということが重要です．とくにその位置については，地名も必要ですが，地名の変更もあるため注意が必要です．また，地図のメッシュ番号や現在では GNSS（GPS）により緯度経度を求めることで記載できますが，化石や岩石などは同じ位置で採集したものでも，上下に重なるどの地層や岩体から採集したかという情報が重要です．そのため，標本に採集位置を示した地図と採集層準（地層），またそれが記載された論文などを付加しておくと産出地と層準が明確な標本になります．

　ふじのくに地球環境史ミュージアムの前身である静岡県自然学習資料センターの標本では，もともと寄贈された，すでに標本になったものを整理して登録することが多かったことから，標本受入から登録までの工程は以下のようになります．

①寄贈者及び採集者の ID 番号をつけます．

②その ID の方からの寄贈または採集された標本がいくつかの標本群からなる場合，それらに番号をつけます．そして，その各標本群がいくつかの標本箱などに分かれている時は標本箱ごとの番号をつけ，その箱の中の各標本に番号をつけて，受付番号（ID 番号–標本群番号–標本箱番号–箱の中の標本番号，例　1-1-1-1）とします．

③標本の整理，または標本化，種の同定を行い，ラベル項目を資料原簿に記入して確認などを行い，標本を評価します．評価によって登録する標本を確定し，登録標本とそれ以外を別の標本箱に整理します．

④登録標本については，登録番号をつけて，ラベルと資料原簿に記入して，登録標本の資料原簿を別につくり，それを確認して登録データベースに入力します．資料原簿の作成には，当初は標本カードを用いていましたが，現在はパソコンで Excel ファイルに直接入力して作成しています．これらのデータをデータベースへ入力するには，データをチェックしてから，直接入力するか，データが多量であれば資料原簿の Excel ファイルを変換させて入力しています．

登録番号は，博物館の機関略号を最初にして，次に受入分類コードがあり，その後に標本番号がつきます．ふじのくに地球環境史ミュージアムでは，機関略号が SPMN なので，登録番号の例として，「SPMN-FL-1495」のようになります．ここでの FL は，大型化石の受入分類コードです．

生物に関する標本データ項目の例として，静岡県自然学習資料センターでの記入項目を以下に示します．

登録番号，受入番号，オリジナル番号，コレクション名，点数，大分類，分類（界，門，綱，目，科），標本名，学名（属・種小名・著者・発表年），和名，（動物：雌雄），個体数，採集地（自然地名），メッシュ番号，地図名，緯度・経度，高度・深度，採集場所（国，県，市町村），産地メモ（地質・層準・岩体，地質年代など），標本の大きさ，形状，採集年月日，採集者，同定年月日，同定者，収納場所，採集地公開レベル，その他・特記事項，作成者，更新者，参考文献など．

なお，現在のふじのくに地球環境史ミュージアムの標本データ項目については，GBIF（Global Biodiversity Information Facility：地球規模生物多様性情報機構）のデータベースにおける記入項目に準拠しています．GBIF プロジェクトでは Darwin Core が用いられ，これは生物と古生物の標本の観察データの標準交換形式であり，インターネットを通じてデータ共用できます．それには，いくつかのバージョンがあり，詳細は以下のサイトで参照ください．

https://www.gbif.jp/v2/datause/data_format/index.html#dwc_latest

自然学習資料保存事業とふじのくに地球環境史ミュージアム
——静岡県に県立自然史博物館を！——

　静岡県は日本列島のほぼ中央にあり，太平洋に面する温暖な平野から，高山植物が見られる南アルプスなど寒冷な山地までさまざまな自然があり，日本一高い富士山もあります．大地の成り立ちから見ると，静岡県は西南日本と東北日本の境目にあり，伊豆半島を含む伊豆 - 小笠原からの地形の高まりが日本列島と重なるところに当たります．そのため，県の西部と東部の植物や動物の分布が異なり，静岡県の自然の姿は県の西部地域，東部地域，さらに伊豆地域でそれぞれ違っていて，たいへん変化に富み豊かな自然に恵まれています．

　1996（平成8）年1月に，静岡県内の多くの自然愛好家とその研究グループが集まり，静岡県に県立の自然史博物館を設立してもらおうと，静岡県立自然史博物館推進協議会（略称：自然博推進協）を結成しました．そして，その年の4月に「静岡県立自然系博物館の整備の要望書」を静岡県知事に提出しました．その後も自然博推進協では，「静岡県に県立自然史博物館を！」というスローガンを掲げて，自然史博物館についての学習や検討を行い，また独自でさまざまな普及活動も行い（図4-13，図4-14），県への要望も続けました．

　その活動の結果，2001（平成13）年度〜2002（平成14）年度にかけて，静岡県では「自然学習・研究機能検討会」という自然系博物館の設立に関する検討会が開催されました．この検討会では自然系博物館の機能や必要性に関して，いろいろな面からの検討が行われました．そして，この検討会の報告書には，自然学習・研究の拠点施設の必要性とそのあり方，自然系博物館の整備計画について詳細が記されました．その中に緊急事業として，「散逸が危惧される標本・資料の収集・整理」があげられていて，これについては2003（平成15）年度から県企画部により，「自然学習資料保存事業」として，県の仮収蔵施設への標本の収蔵と整理・登録が実際に行われることになりました．

　自然博推進協では，この「自然学習資料保存事業」で静岡県との「協働」を

図4-16　自然博推進協による足久保諸川池自然観察会

図4-17　自然博推進協によるミニ博物館「静岡県の自然」

行うために，その組織を発展的に解消し，2003年1月に新たにNPO（非営利活動法人）静岡県自然史博物館ネットワーク（略称：自然博ネット）として再出発しました．自然博ネットは，これまでの自然博推進協の活動をより積極的に行うとともに，この「自然学習資料保存事業」を県から受託して，散逸が危惧される標本・資料の収集・整理を静岡県の仮収蔵施設で開始しました．この自然学習資料保存事業は，2005（平成17）年度から静岡市清水区の志太榛原健康福祉センター庵原支所（旧清水保健所）に移転されて継続され，2008（平成20）年度からその施設は「静岡県自然学習資料センター」という名称になりました．

その後，2012（平成24）年度から静岡県は博物館の設置に大きく舵をきりました．その年度の静岡県予算に，旧静岡県立静岡南高等学校の校舎を「自然史資料を活用した活動拠点」とするための移転改修設計費が計上されました．県では，そのために企画広報課政策企画局が中心となり，自然系博物館機能検討委員会が県庁内で行われ，自然博ネットのメンバーも何名かがそのワーキンググループの講師として参加しました．この委員会で，「自然史資料を活用した新しい活動拠点」が検討され，それを具体的なものにするために，2013（平成25）年2月に「静岡県自然学習センター整備委員会」が発足し，3月末に静岡県自然学習資料センター整備方針案が策定されました．

2013（平成25）年度には，高等学校の校舎の改修工事費と博物館整備費が計上され，収蔵室部分の改修工事の具体的な計画案が策定されました．そして，7月には私たちがこれまで県に要求し続けてきた博物館構想委員会が開催されることになりました．この構想委員会では，この博物館の名称が「ふじのくに地球環境史ミュージアム」（略称：ふじミュー）と決定され，構想案が協議され，職員として研究職を6名と教員を含めた事務職を6名配置し，自然博ネットと連携して県が直営で運営することが決まりました．

2014（平成26）年の春に，展示室の整備を除いて（展示室整備は翌年度），高等学校の校舎をふじミューにする改修工事が，収蔵室部分を中心に始まりました．そして，7月には静岡市清水区の自然学習資料センターに保管整理されていた約30万点以上の標本が静岡市駿河区大谷のふじミューに移され，自然博ネットは8月にその一室を事務所として借りて自然学習資料保存事業を始めました．

2015（平成27）年4月に，ふじミューについての担当が県の企画部から学術分野を所管する文化・観光部に移りました．また，開設準備にあたる職員は，新たに設置されたふじミュー学芸課の所属となり，まだ決定していなかった1名を除いた5名の研究職と，事務職5名と館長がふじミューで仕事を始め，2016（平成28）年3月に「ふじのくに地球環境史ミュージアム」は開館しました．自然博ネットは，このふじミューの活動の協力団体として，おもに自然

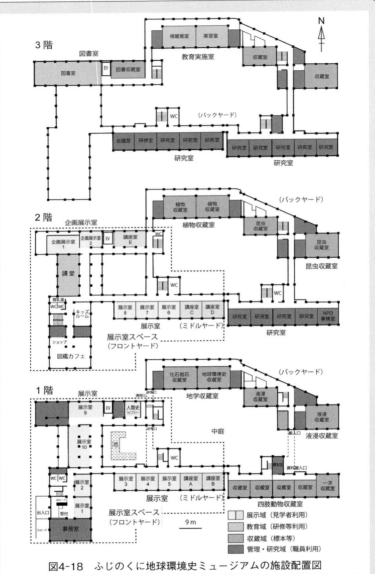

図4-18 ふじのくに地球環境史ミュージアムの施設配置図
点線枠で囲った部分は一般来館者の見学する展示室スペース（フロントヤード）で，それ以外は収蔵・研究スペース（バックヤード）．フロントヤードのバックヤード側にミドルヤードがあります．

学習資料保存事業と資料活用事業を委託して，館内で作業を進めています．

　図4-18に，ふじミュー全体の配置図を示します．点線枠で囲った1階と2階の部分が展示室スペース（フロントヤード）で，その他のバックヤードについては，収蔵スペースがおもに南側の1階と北側の1階と2階にあり，研究室が南側の2階と3階にあります．北側の3階には図書室と視聴覚室，実習室と収蔵室があります．入口や事務室のある建物の範囲（受付と展示室1と2，キッズルームと図鑑カフェ）は無料ゾーンで，その他の展示室スペースは有料になります．フロントヤードの奥側の講座室はバックヤードのようすがわかるミドルヤード（147～149ページ参照）という展示室になっています．

　この博物館の施設は，高等学校の校舎であったことから，窓や出入口が多く，また立地が豊かな自然環境の中にあることから，資料の劣化や害虫の被害など，資料保存の面からすると博物館としてあまりよい施設とはいえません．また，博物館への施設改修においても，予算の関係から，展示室や収蔵室のすべての窓を塞ぐことができず（廊下の窓はそのまま），空調についてもすべての収蔵室に設置できなかったこと，資料運搬のためのエレベーターや出入口の風除室も設置されていません．

　ふじミューでは，現在でも収蔵設備だけでなく，展示や運営・管理についても，さまざまな問題はありますが，自然博推進協が発足してから四半世紀のあいだ，私たちが望み努力してきた博物館ができたことを喜び，この博物館の発展に寄与すべく，自然博ネットでは「魅力的な自然史博物館活動を目指して！」というスローガンを掲げて，さらなる協力をしています．

第 5 章

博物館の調査研究

―知への探求―

図5-1 筆者による磐田原台地北部の小笠層群の地質調査のようす

博物館における研究

　倉田・矢島 (1997) によれば，博物館における研究には，
①博物館資料の研究 (専門分野の研究)
②博物館及び教育学的研究
③資料保存の研究
の3つがあるとされます．ここでは，博物館における研究としてもっとも重要な①の博物館資料の研究 (専門分野の研究) について述べます．

　布谷 (1997) は，「博物館の研究調査は博物館活動の基本であり，自らが研究成果をもつことで人が集い，情報を発信することもできる．」と述べています．また，千地 (1978) は，「博物館の調査研究の副産物として資料が収集され，その結果さらに次の段階の資料収集に引き継がれる．」と述べています．すなわち，博物館はある研究対象 (モノ) についての研究を中心に，その資料を収集・保管し，それをもとに教育・展示を行う複合機関であるため，研究は博物館が成立するための必要条件になります．

　博物館は，それぞれ独自の収集方針をもって特徴あるコレクションをつくり上げる使命を持っています．真鍋ほか (1998) は，「日本は個性のない博物館が全国にあふれ，博物館はみな同じ目的のために機能している部分が多く，せっかくの多様性が活かされていない．」と述べています．博物館は，その博物館としてできること，しなくてはならない目的 (使命) をきちんと掲げ，博物館の個性をその存在意義 (アイデンティテー) として明確に示すべきです．そして，そのための組織や機能，それに専門分野とその人材，すなわちソフトの検討が充分に行われるべきです．

　博物館の「研究テーマ」とその「研究計画」は，上に述べたように，その存在意義に関わる核心です．したがって，その研究すべきテーマをより明確にすべきで，それはその博物館の学芸員全員で検討し決定するべきものです．その際に，①博物館の設置目的，②地域的な特性や社会的要請，③学芸員の専門分野，④組織的な条件などを考慮すべきです．

　自然史博物館を例にすると，その研究方法と対象について，柴田ほか (1973) によれば，「まず地域全体の自然，動・植物，地学分野にわたる大まかな自然の特徴を知るための定性的な調査を行い，続いて定量的調

査を行い，それを基礎として質的特性を把握し時間的変遷を追跡するべきである．」と述べています．また，調査対象として，「地域のその生活と一番かかわりのある身近に普通にあるものの，その存在意義や価値づけを考えるべき．」としています．

学芸員の研究と役割

いくつかの例外を除き，わが国の学芸員のほとんどは社会的に「研究者」と認められていません．わが国での「研究者」の定義は，研究を実践しているすべての人ではなく，大学や研究所などの学術研究機関に勤務していて，「科学研究費補助金」を受けられる，すなわち「研究者番号」をもつ人のことをいいます．したがって，「指定学術研究機関」になっている一部の博物館を除く日本のほとんどの博物館の学芸員は，わが国では「科学研究費補助金」を受けられる「研究者」ではありません．

学芸員が「研究者番号」をもっているかいないかという問題は別にしても，「日本における博物館」（7ページ）でも述べましたが，日本の博物館では展示や教育行事が優先されて研究が顧みられない状況があります．そのために，学芸員の多くは，岡田（1998）が「博物館の中で研究することさえある後ろめたさをもって行っている．」と表現したように研究をしています．しかし，博物館は本来研究機関であり，大石ほか（1998）が述べているように，「学芸員こそが博物館資料の『ヘビーユーザー』である．」ことにほかなりません．そして，学芸員は博物館において知的資産を創造し，それを加工して社会に還元する立場にあります．そのためには，博物館での学芸員の研究活動が補償されるべきで，博物館業務の中でそれを位置づけ，学芸員が研究できる体制を整備する必要があります．また，その博物館自体が「指定学術研究機関」になること（学術研究機関として指定されるためには，その機関の研究実績とともに，研究者個人に年間33万円以上の研究費が支給されているなどの条件があります．）により，学芸員が「科学研究費補助金」を外部資金として受けて研究できる条件を整備することも必要です．

博物館での研究体制の整備については，学芸員自身が研究や条件獲得に努力することはもちろんですが，まず研究が博物館活動の基礎にあるということを学芸員同士及び博物館職員の共通認識としてもつことが重要です．次に，博物館の研究目的を明確にして，具体的な研究テーマを

決定して，研究活動を博物館活動の中心に位置づけなければなりません．

　学芸員自身の個人研究について，千地（1978）は，「研究という行為は人間の高度な精神活動であることから，そのテーマの選択は本来だれにも強制されず学芸員自身の自由な意思で決定されるべきである．」と述べましたが，続けて以下のことを記しています．

①自己の調査研究のテーマをその博物館の目的に沿ったものにするよう努力する．

②その成果を博物館資料として残す．

③その成果を展示や出版，教育活動を通じて地域住民に返す．

④その過程の中でさらに新しい調査研究のテーマを見いだし，博物館活動の質を高める．

⑤その発展過程で，博物館への協力者（専門家）や地域住民の参加を求めていく．

　すなわち，学芸員の個人研究は，できればその博物館の目的に沿ったものにして，専門分野における自身の力量を高め，博物館活動の質を高めるものにすべきです．そして，学芸員同士による研究発表や相互討論を通じて，できるだけ博物館の研究活動の中に個人研究を位置づけることが必要で，学芸員の研究テーマは地域の特徴を活かした地元に密着した地域課題を中心に研究を進めるべきです．

機関研究

　博物館における研究体制の特徴として，「チーム研究」や「機関研究」があります．博物館では，学芸員同士または外部研究者も含めてある研究テーマでチームをつくり研究を行うことがあります．そのような場合，チームとしてひとつの研究室を確保することにより，より効果的な研究活動が図れます（千地，1998）．現実として博物館に充分な数の学芸員がいない場合が多く，このような場合に外部の機関や研究者，学生，アマチュアと形をこだわらない共同研究を行う体制をとるべきであり（糸魚川，1993），そのような研究体制をとることができるのが，博物館の研究の特徴でもあります．

　博物館では，博物館がその設置目的のために必要と考えて，その博物館の組織を動員して行う調査研究があり，これを「機関研究」と呼びます．例えば，栃木県立博物館の機関研究として，県内を数地域に分けた

各地域での総合調査がこれにあたります．これはひとつの地域について3～4年かけて調査を行い報告書にまとめるもので，調査研究については学芸員以外に調査研究協力員制度を設けて外部のアマチュアや研究者を加えて行われています（青島，1991）．

　地域の歴史や文化，自然環境の姿や仕組みについての研究は，ひとつの機関や個人でできる仕事ではなく，地域の人々の協力や研究への参加が必要です．博物館の調査研究活動に関しては，大学の研究者や学生だけでなく，地域の人々も含めた活動を展開できるのが博物館の特徴でもあります．そのために，博物館ではこれらの研究とともに，その成果を博物館の研究報告や普及誌などで公表し，さらに展示や教育活動を行う中から多くの協力者を得る必要があります．そして，博物館を地域の人々に開かれた研究・教育の場として提供し，さらにその活動の展開を図るべきと考えます．

　地域の人たちが協力者として参加するこのような研究会の活動では，学芸員は専門研究者であることはもちろん，調査研究のリーダーとして研究会のまとめ役であり，スタッフ養成の教育者としての役割もあります（柴，2001）．また，施設としての博物館は，研究会の活動拠点となります．このような参加型の研究活動の例として，神奈川県立博物館が中心になって市民参加で行われた「神奈川県植物誌」の編纂（大場，1985），横須賀市立自然博物館が行った「三浦半島活断層研究会」の活動（蟹江，1998），川崎市青少年科学館の市民による専門研究グループにより行われた「地域自然環境調査」（川崎市青少年科学館，1994），滋賀県内の魚の分布とその生息環境を調査と魚類標本の収集を行う琵琶湖博物館の「うおの会」（中島，2011）などがあげられます．

　滋賀県立琵琶湖博物館では，博物館を地域の情報をもった人が集い情報を相互に提供することで新たなネットワークをつくるような双方向の交流の場と位置づけ，研究分野でも学芸員の専門研究のほかに県内の多くの市民が関わるいくつかのテーマの研究会をつくり，ユニークな調査研究が実施されています（布谷，1997）．

　博物館は，地域の人々にとっての研究・収蔵・教育機関で，研究者や地域の人々もまきこんだ立体的，地域を越えたグローバルな発展が期待されます．学芸員は「モノ」の専門家（研究者）であることはもちろん，教育者であり，市民とともに行う研究活動のリーダーやマネージャーで

なくてはなりません．佐久間（2010）は，「地域の人々自らが地域の自
然を見つめることは，これからの生物多様性管理の上で重要で，情報拠
点である博物館は発信するだけでなく『市民科学者』を育成し，それら
の人々が集まり交流する場でもある．」と述べています．また，博物館
は「研究の経済的な価値や成果論文数を示して研究機関の価値を市民に
対して説明することも必要だが，博物館の学芸員としては自然科学リテ
ラシーの高い市民を養成することこそが，市民と科学者をつなぎ相互に
理解を築く道ではないか．」と述べ，研究パートナーとしての市民に研
究の動機になるような面白い研究をしていくことの必要性を強調してい
ます．

　博物館のいくつかでは，学生や外来研究者，地域の研究協力者，博物
館退職者のための研究室が，充分ではないですが備えられているところ
があります．私自身も現在，ふじのくに地球環境史ミュージアムの客員
研究員として，研究室を使用させていただいています．博物館の研究活
動では多くの研究者や研究協力者の協力を必要としていることから，こ
のような研究のためのスペースや研究体制，それとそれに関わる学芸員
の人員配置を，さらに充実させる必要があると思います．

研究ネットワーク

　博物館はその研究活動に個性を打ち出すことが必要ですが，博物館が
専門分野を限ればひとつの博物館ですべての分野をカバーすることは不
可能になります．また，わが国の博物館は地方公共団体や学校法人，宗
教法人，企業などが設置したものがほとんどで，組織的及び経済的に独
立した博物館はほとんどありません．そのため，博物館の活動や人事な
どはその上部組織の決済に委ねられていて，博物館独自ですべてを決定
することができません．また，博物館自体が所属組織の中の縦割りの部
分に属しているため，他の博物館と行政や組織の枠を超えた共同活動や
人事交流などが行いにくい，またはそのようなことはほとんどできない
状況にあります．そのため，博物館は，それ自体孤立している存在であ
り，学芸員も孤立しています．

　全国的な博物館の協会として，公益財団法人日本博物館協会があり，
自然史及び科学博物館の連合組織として全国科学博物館協議会がありま
す．同様に動物園・水族館が加盟する日本動物園水族館協会をはじめ各

分野や，各都道府県など地域単位でも静岡県博物館協会など博物館関係の協会があります．しかし，博物館同士がもっと連携して相互に協力し合える地域的，または専門性の共通し連携した博物館ネットワークがあるべきと思います．そのようなネットワークによって専門分野，または地域の博物館同士が補完しあい，総合的な博物館活動を展開していけば，多用な社会的ニーズに応えることができると考えます．

　松岡（1991）は，「自然史博物館に関する博物館の共通の問題，とくに資料の保管と情報システム，地方自然誌研究，特別企画展について共同で行うための行政の枠を超えた自然史博物館ネットワークの必要性」を述べました．そして，その考えの一部は現在の地質・古生物学関係の学芸員による「地学系博物館ネットワーク」の基礎を築きました．また，「西日本自然史系博物館ネットワーク」のようにインターネットを利用した博物館ネットワークがあり，近畿から北九州までの範囲にある自然史博物館または博物館の自然史系部門がネットワークに参加し，学芸員同士の意見・知識・情報の交換，博物館運営の知識・情報の交換，研究者の育成・援助，広範囲での調査協力が行われています．また，「西日本自然史系博物館ネットワーク」では「環せとうちいきものマップ」というデータベースの構築と運用や，GBIF（地球規模生物多様性情報機構）による世界中の生物標本のデータベース登録の日本でのデータベース・システムの構築について支援しています．

　今後，博物館同士が連携した相互に協力し合える地域的，さらには全国的な組織がつくられるべきであり，また学芸員同士も同じ専門分野や特定の研究テーマなどで積極的にネットワークを組むべきであると考えます．そして，その全国の博物館が参加する組織やネットワークでは，全国的な視野に立った共同研究や総合研究，災害における標本や文化財のレスキュー活動，人事交流などが組織的に行われ，日本における博物館の発展を目指した活動が行われることを期待します．

私の研究活動
——ローカルからグローバルへ——

　私の勤務していた東海大学海洋学部博物館（以前は東海大学社会教育センター）には，自然史博物館と海洋科学博物館があり，私はおもに自然史博物館担当の学芸員として活動をしてきました．この自然史博物館は，元ソビエト科学アカデミーの恐竜化石標本のレプリカを中心に地球と生命の歴史を普及する展示館で，静岡県の駿河湾とその周辺地域に位置し，実質上の担当学芸員が地質・古生物学を専門とする私ひとりということもあり，展示・教育及び研究・収集の範囲を地質や化石に限っていました．

　これまでの私の研究を振り返ってみると，私の地質学的な研究テーマは中生代から現在に至る地形と地層の形成過程と海水準の変動，それと古生物の進化を明らかにすることになります．とくに陸上の地質においては，博物館の位置する静岡県静岡市が面する駿河湾の周辺地域をフィールドとして，新第三紀（今から約2,300万年前）以降の地層の形成と，この地域及び日本列島の構造発達の歴史をメインテーマとしてきました．

　私の研究には，博物館学的な研究も含め，具体的には以下に述べる８つのテーマがあります．すなわち，①ギョー（平頂海山）の白亜紀のサンゴ礁化石と海水準変動の研究，②南部フォッサマグナ地域の新第三紀以降の地質と地質構造の研究，③御前崎－掛川地域の新第三紀以降の地層形成過程の研究，④駿河湾と周辺地域の地形地質形成史と海水準変動の研究，⑤モンゴルの地質と恐竜化石の研究，⑥博物館の情報及びホームページの研究，⑦博物館と博物館資料に関する研究，⑧島嶼の固有動物たちの古生物地理学的研究になります．

　このうち，②〜④は博物館の位置する地域の新第三紀以降の地層と地形形成や地質構造発達史に関する研究で，⑤は博物館で展示している恐竜化石に関する研究，⑥と⑦は博物館での情報と資料整理に係る研究，①と⑧は海洋と生物の歴史と海水準変動に関する研究です．表5-1は「私の研究年表」で，私の履歴と研究テーマの変遷，論文発表数などを時系列に示しています．以下に，私の研究を簡単に説明します．

①ギョー（平頂海山）の白亜紀のサンゴ礁化石と海水準変動の研究

　北西太平洋の海底には，頂上が平らな海山（ギョー）が200以上もあり，そのいくつかの山頂から今から１億年前の中期白亜紀という時代のサンゴ礁の化石が採取されています．それらのうち，私は東海大学海洋学部での卒業研究（1975年）では日本海溝南端の第一鹿島海山の資料を，修士研究（1977年）では小笠原海台の矢部海山の資料を用いて，それらの海山山頂から得られた化石と石灰岩から，それらが中期白亜紀のサンゴ礁であることを明らかにしました．そして，なぜギョーが後期白亜紀以降に沈水してしまったかということを，海

自然史博物館の■は展示改修や移設などを示します。プライベートの◎は結婚、○は子ども誕生、●は両親の死去、○は孫の誕生。論文数は□の数で年間の発表数を示し、そのうち濃い色の□は本の出版になり、この欄の上部に△で出版した本の略称を示します。

表5-1　私の研究年表

年号	72	74	76	78	80	82	84	86	88	90	92	94	96	98	00	02	04	06	08	10	12	14	16	18	20	22
年齢	20				30					40					50					60					70	
所属	学生			大学院		教師					社会教育センター職員											博物館職員				
自然史博物館						■地球館			■海洋館/3階改修		■自然博リニューアル				東海大自然博	■自然博増設						■自然博1階改修	東海大自然史博			
非常勤講師													△MML・自然推進協					△NPO自然ネット								
主宰団体																										
プライベート							◎	○	○									▲			●▲○					
資格						博物館		女学芸員	学芸補																	
研究テーマ																										
1.キエコ		△豊島竜山			△念部竜山		△豊島竜山				△Kashima															
2.南部フォッサ					△静岡/△掛川			△Kashima		△静岡/△南部フォッサ																
3.掛川						△高屋		△片石		△片石																
4.駿河湾														△爆発	△火山灰					△掛川上部	△静岡下部／△掛川下部	△駿河湾				
5.モンゴル																			△オーストラリア		△モンゴル紀行					
6.博物館情報														△ホームページ												
7.博物館資料																			△博物館の使命							
8.古生物地理												△コ調査									△コ紀行			△鰭脚類		
著作		△日曜の地学				△日曜の地学				△日本の地質／△日曜の地学		△日本の地質	△地学事典			△静岡の自然図鑑／△化石研究法	△日本の地質／△日曜の地学					△はじめての古生物学／△地質調査入門	△学芸員	△駿河湾の形成	△モンゴルコゴル紀行	
論文数																										

図5-2　静岡市周辺の山地での地質調査
（静岡市清水区板井沢，浜石岳層群）

水準上昇の考え方を考察に加えて研究しました．1988年には，第一鹿島海山の
サンゴ礁形成と海水準上昇をテーマに博士研究としてまとめて，東海大学自然
史博物館研究報告（Shiba, 1988）で報告しました．

②南部フォッサマグナ地域の新第三紀以降の地質と地質構造の研究

　静岡市周辺の山地から富士川中流域にかけての山地は，南部フォッサマグナ
地域南西部にあたり，おもに新第三紀以降の地層が広く分布しています．この
地域，とくに静岡市清水区地域を中心に，学生のころ（1972年）から地質調査
を行っていて，その後も継続して学生たちと研究を続け（図5-2），いくつかの
研究論文を発表し，1991年にそのまとめとして，その全域の地質図と地質構造
を明らかにした総括的な論文『南部フォッサマグナ地域南西部の地質構造』（柴，
1991）を発表して，この地域の地質構造と地形形成の過程を明らかにしました．

③御前崎－掛川地域の新第三紀以降の地層形成過程の研究

　御前崎から掛川市，及び袋井市にかけての丘陵地域に分布する新第三紀以降
の地層について，1991年から現在まで学生の卒業研究とともに地質調査を行い，
とくに今から約500〜180万年前に海底で堆積した掛川層群（図5-3）の地層の
堆積の仕方を調べ，それに含まれる微化石や貝化石，火山灰層による地質層序
と地質年代の決定を行い，堆積シーケンス層序と海水準変動を明らかにしてき
ました．また，この地域での地層や化石の調査をもとに，博物館におけるサマ
ースクールや化石クリーニングなどの教育活動なども行いました．

図5-3　掛川層群の地層
（掛川市杉谷，掛川層群）

④駿河湾と周辺地域の地形地質形成史と海水準変動の研究

　上の②の南部フォッサマグナ地域及び③の御前崎－掛川地域の研究成果と，駿河湾での調査も含めて，駿河湾とその周辺地域の地形形成や新第三紀以降の海水準変化と地層形成について研究を進め，私の地域研究のまとめとして駿河湾の形成，さらに日本列島の新第三紀以降の地形発達史の研究を，2017年に『駿河湾の形成』（柴，2017）として著しました．

⑤モンゴルの地質と恐竜化石の研究

　自然史博物館の恐竜化石標本がモンゴル・ゴビ地域に由来するということもあり，1989年にモンゴルを訪れて以来，モンゴルの恐竜化石についての情報を得て，1994年にはゴビ地域を1ヶ月かけて調査し（図5-4），恐竜化石とその産出地の地層について具体的な情報を得ました（柴，2018）．その後は私費と休暇を使って引き続きゴビを訪れ，2002年までに8回モンゴルで恐竜化石とその産出する地層に関する調査を行いました．

⑥博物館の情報及びホームページの研究

　博物館の機能や研究活動，及び博物館のホームページやデジタル情報の活用について，1996年から全国の学芸員や関係者とともにインターネットを利用した研究グループ（博物館ホームページフォーラム及び MML）を主催して，シンポジウムなどを開催して研究を行いました（コラム4，181〜184ページ参照）．

図5-4　モンゴル・ゴビ恐竜化石調査
（モンゴル東ゴビ，ホンギルサッフ）

⑦博物館と博物館資料に関する研究

　博物館に勤めていることと，また⑥の研究や NPO 静岡県自然史博物館ネットワーク（62〜65ページ参照）の活動を通して，博物館と博物館資料に関する研究を行いました．そのうち，NPO 静岡県自然史博物館ネットワークの活動では，地域の研究者とともに標本の整理・登録・保管事業を通じて，どのような整理手順と登録の方法がよいかを標本データベースの作成も含めて研究しました．

⑧島嶼の固有動物たちの古生物地理学的研究

　博物館を退職した機会に，日本列島も含めた世界の島嶼の固有動物（固有種）の形成について，海水準上昇による地形変化の視点から古生物地理学的研究を始めました（柴，2020）．

　私の研究の基本は，自分の足元の地質や地形を自分自身で調べ，それがどのように形成されたかを自分で考えることです．ですから，自分のできる範囲で，また博物館としての基本的な方針にのっとり，調査研究を行ってきました．地域の陸上の地質は，陸上だけでなく海底にも，日本列島やまたは世界中に連続しています．また，テーマとした駿河湾周辺の陸域や海底とそれを覆う海水準（海面）は地球上に連続するものです．したがって，自分の足元の地質を調べて，その地域の陸地の変動と海水準変動の歴史を明らかにすることは，地球上での

1ヶ所での変動過程にとどまらず，地球上のすべての地域に共通する広域な変動像を明らかにすることになります．そのため，私は，地域的な研究をつねに地球規模の現象としてとらえて研究を行ってきました．すなわち，ローカルな研究なくしてグローバルな研究はなく，また反対にグローバルな見識なくしてローカルな研究の発展はありません．

　私の場合，博物館での業務は，展示のメンテナンスと展示企画やその製作などが中心で，研究活動が積極的に推奨されてはいませんでした．その点で，私も岡田（1998）のいうように，研究は「博物館の中で研究することさえある後ろめたさをもって」行い，フィールド調査はほとんど休日に行っていました．しかし，東海大学海洋学部博物館では，展示資料に関する範囲である程度研究することは可能でした．また，海洋学部のキャンパスに近いところに博物館が位置していたことから，海洋学部の研究者や学生とも交流があり，毎年何人かの学生が博物館で卒業研究を行い，その指導補助として学生たちと共同研究を継続的に行うことができました．そして，そのような博物館での研究は，海洋科学博物館では開館以来継続されていて，学芸員の研究会での発表や卒業研究の研究発表がある時，それらの予行演習という形で学芸員全員での「研究ゼミナール」が勤務時間内に時々開催されていました．

　そのように私の在職した東海大学海洋学部博物館は，科学研究費の指定学術研究機関ではなかったですが，博物館で学芸員が自分のできる範囲で研究活動を行うことが決して異質なことではありませんでした．そのように，学芸員にとって博物館資料についての研究活動が重要であるということが認められていたことから，博物館では私を含めてこれまでに9名が博物館に勤めながら博士論文を提出して博士号を取得していました．また，博物館の研究報告である「海・人・自然」を定期的に発行することもできていました．

　このことは，学芸員が研究活動を行うことを当然として考えてこられた博物館の先輩学芸員と，この博物館に関わってこられた大学教職員みなさんのおかげによるところが大きかったと思われます．そして，毎年，多くの学生が博物館で卒業研究を行い，いろいろな形で私たちの博物館活動を支援してくれたことも，少ない人数の学芸員で研究活動も含めて多様な博物館活動を行うことができた理由のひとつのだったと思います．

第 **6** 章

博物館資料の収蔵と保管
──蔵としての後世への使命──

図6-1　ふじのくに地球環境史ミュージアムの昆虫収蔵室
昆虫標本はドイツ箱に収められ，それが棚に縦置きで整理されて収蔵されています．

1　劣化の要因と対策

　博物館が所有し保管する資料は人類共有の財産であり，その資料を探求して次世代に伝えていくことが博物館の社会的責務です．したがって，博物館資料は，資料が将来にわたって人類とその社会に役立て活用されることを前提に保存されます．そのため，資料の取り扱いにおける基本は，その資料の価値を理解してはじめて，取り扱う心構えや，その価値を伝えること，そしてそれを保管して残していくことができます．

　本来，博物館は資料を良好な状態で保管する「蔵」の役割が大前提にあり，その点から各博物館は保管計画と収蔵室をもたなくてはなりません．また，「博物館の設置及び運営上の望ましい基準」では，「博物館は耐火，耐震，防虫害，防水，防塵，防音，温度及び湿度の調節，日光の遮断又は調節，通風の調節並びに汚損，破壊及び盗難の防止その他のその所蔵する博物館資料を適切に保管するために必要な施設及び設備を備えるよう努めるものとする．」としています．

　「モノ」は時間とともに劣化するものであり，劣化を最小限にとどめる予防措置をとらなくてはなりません．劣化の原因として，光，温度，水，空気（酸素）が4大要因で，これらのうち2つ以上の因子の相乗効果はより大きなものになります．そのため，資料の保管には，本来密閉空間（光なし，温・湿度変化なし，酸素の補給なし）が最適な環境にあります．しかし，博物館の資料は研究や展示で使用されるものであり，そのため劣化を最低限に抑えなくてはなりません．

1）光

光の性質

　光によって私たちは資料を見ることができますが，これと同時に見えないレベルで資料は光により徐々に損傷しています．「モノ」を見るということは，光によって照らされた物質から反射（もしくは透過）した光が人の眼球底部にある網膜を刺激し，その信号が大脳に伝達されて知

覚が生じることをいいます．そして，光で照らされるということは，光エネルギーが物質に衝突することを意味し，物質に必ず何かしらの影響を与えています．

　光は電磁波の一種とされ，虹の7色とされる私たちが見ている可視光線の光は，その中で380〜780nm（ナノメーター）の波長をもつ電磁波になります．可視光線に隣接する380nmより短い波長の電磁波に紫外線があり，780nmより長い波長の電磁波に赤外線があります．紫外線は肌の日焼けの原因となるように，博物館資料においても色の変退色や紙を劣化されるなど損傷の大きな原因となります．一方，赤外線は物質を温める効果があり，資料の変退色や膨張収縮の繰り返しを起こして剥離やひび割れを生じる原因となります．

　このように資料の損傷に配慮すると，博物館では日常生活に比べて著しく低い照度で資料を見ることが必要となります．低い照度下では，温かみのある光色の緑〜青の色の見えが損なわれる傾向にあります．このような光の色みを表す尺度を「色温度」といい，単位はK（ケルビン）で表します．色温度とは，表現しようとする光の色をある温度（高熱）の黒体から放射される光の色と対応させ，その時の黒体の温度をもって色温度とするものです．黒体の温度が低い時は暗いオレンジ色で，温度が高くなるにつれて黄色みを帯びた白になり，さらに高くなると青みがかった白に近くなります．朝日や夕日の色温度はおおむね2,000Kであり，普通の太陽光線は5,000〜6,000Kです．博物館では色温度は2,700〜4,000Kの範囲の光が適切とされます（照明学会，2021）．

　また，低い照度下ではとくに色の見えが著しく損なわれます．絵画など，色がしっかりと区別して見えなければ意味がないものには，可能な限り再現性の高い光を与えなければなりません．このような色の再現性の評価尺度を「演色性」といい，色の見え方が自然光（太陽光）に当たった時の色と比べてどの程度再現しているかを示す指標になります．この尺度として平均演色評価数（Ra）があり，Ra 100は自然光が当たった時の色と同じ色の見え方を再現していることを意味し，博物館では最低Ra 90以上が必要とされ，可能な限りRa 100に近い光源を選択します．

　最近では，LED電球・LED蛍光灯などのLED照明用製品に，演色性の評価について記載しているものが増えています．白色LEDは開発当初は演色性について低い評価をされていましたが，その後すぐに改良さ

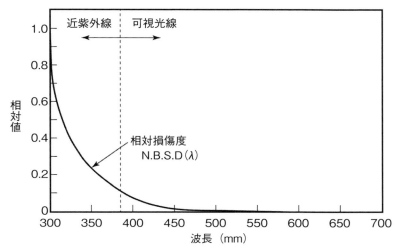

図6-2　波長に対するハリソンの相対損傷係数（Harrison, 1954）
新聞紙などのセルロースの変退色性の実験により導かれた変退色に対する作用スペクトル係数.

れ，今では Ra 85や Ra 90以上の製品が販売されています．一般的な蛍光灯は Ra 60程度なので，LED は質の高い照明環境をつくるという意味でも高い能力をもっています．また，一般家庭では Ra 80以上の照明器具を使うことが推奨されています．

資料に悪影響を与える光

　光のうち，とくに紫外線や短波長の可視光線による資料の光化学反応は，損傷作用の主たる原因となります．一般的にその作用程度は，その光の光源スペクトル（分光分布）と，資料のそれに対する損傷程度（損傷係数），照射する光の明るさ（lx：ルックス），光を照射する時間（h）によって決まります．光源スペクトルは，自然光ならば国際照明委員会から出されている分光分布を，人工光源ならばメーカーのそれを参照します．損傷係数は，博物館資料の材質によって異なりますが，便宜上ハリソンの相対損傷係数（Dλ：図6-2）を用います．ハリソンの相対損傷係数に各光源の光源スペクトル（放射エネルギー強度）をかけて積分すると，この光源における単位面積当たりの損傷の度合いが導かれます．これが変退色損傷係数（D/E）であり，光源の損傷に対するおお

よその傾向を判断することができます.

　自然光の青空の変退色損傷係数値は0.480で，この値は他の人工の光源に対して10倍以上というものであり，自然光がいかに多くの紫外線を含んでいるかがわかります. また，通常の蛍光灯（0.02-0.03）は電球（0.008-0.015）に対して2～3倍程度の値で，博物館用の蛍光灯（0.006-0.013）は電球程度にその値が抑えられています. なお，LED電球では，電球色タイプが0.004，白色タイプが0.009程度になっています.

　この損傷係数は損傷作用の程度を知るのに大変便利な値ですが，博物館ではこれとは別に，損傷の大部分が紫外線域の波によって引き起こされるために，光源の紫外線の量（紫外線照度）も管理する必要があります. 例えば，白熱電球やハロゲン電球は損傷係数では博物館用の蛍光灯とほぼ同じ数値ですが，紫外線照度では紫外線量が高く，実際には紫外線をカットする必要があります.

　資料の損傷には光源の質が大きく係りますが，実際には照射する光の強さ（照度 lx）と，光を照射する時間（h）という光の量も大きく関与します. 資料の損傷は，照度と時間の積（積算年間照度時間量）に比例するため，資料の観察や展示についてはできるだけ低い照度と短時間の照明にとどめる必要があります. 照明学会では，2021年に美術館・博物館の年間の照度の推奨範囲を国際照明委員会の推奨値を参照にして，耐光のないものの照度上限を50 lxで年間露光量を15,000 lx·h/y 以下とし，耐光の低いものを150,000 lx·h/y 以下としました（表6-1）. 後者は50 lxで1日8時間だと年300日開館した場合の数値と同じになりますが，前者はその1/10になります. 例えば50 lx という照度は高齢者などにはとっては暗すぎて展示物の鑑賞が不可能になるため，年間露光量の上限値を下回るように展示物表面の照度と露光時間を調整する必要があります.

博物館で使用される光源と照明器具

　博物館に必要な光源として，以下の条件があります.
　＊紫外線，赤外線といった資料に有害な光を放出しないこと.
　＊低い変退色損傷係数（0.01程度）であること.
　＊適当な色温度であること.
　＊高い演色性を有すること.
　＊照度制限に対応できる調光制御が可能であること.

表6-1　美術館・博物館における照度の推奨範囲（照明学会，2021より）

材料分類		照度	年間露光量
カテゴリー	説明	(lx)	(lx・h/y)
耐光性：高	光に反応しない，変化しないマテリアルのみからつくられているもの：ほとんどの金属・石・ほとんどのガラス・混じりけのない陶器・琺瑯・ほとんどの鉱物	無制限	無制限
耐光性：中	わずかに光に反応する耐久性の高いマテリアルを含むもの：油彩画・テンペラ画・フレスコ画・染料を使用していない革や木・角・骨・象牙・ラッカー・いくつかのプラスチック	200	600,000
耐光性：低	かなり光に反応する変化に弱いマテリアルを含むもの：衣装・水彩画・パステル画・タペストリー・版画や素描・写本・細密画・ジステンパーによる画・壁紙・グワッシュ画・染められた革とほとんどの天然物（植物標本・毛皮・羽）	50	150,000
耐光性：なし	光に強く反応するマテリアルを含むもの：絹・非常に変化しやすい着色料・新聞	50	15,000

　これらの条件をある程度満たす光源として，今まで白熱灯（電球），ハロゲン灯，蛍光灯が使用されてきましたが，LEDが博物館に必要な光源の条件のすべてに合致し，かつ長寿命，高効率であることから，使用が拡大しています．現実的に，すでに白熱灯の多くは製造停止などにより供給が止まり，国の省エネルギー政策からもLEDの使用が推奨されています．

①白熱灯・ハロゲン灯

　白熱灯はエジソンが1879年に実用化した最初の電気光源で，フィラメントを電気抵抗によって2000℃以上に熱することで白熱化して光を発します．ハロゲン灯も発光原理は白熱灯と同じで，バブル内にハロゲン元素を封入することで，白熱灯に比べて高効率かつ長寿命化を実現させました．どちらもRa 100の高い演色性をもち，変退色損傷係数も低いですが，紫外線の放射照度が高いという欠点があります．発光部面積は小さく，配光制御や調光も容易ですが，調光で光を絞ると色温度が低くなります．

②蛍光灯

　蛍光灯は，GE社のインマンが1938年に実用化し，日本では戦後になって普及しました．蛍光灯は，放電灯の一種で，発光原理は電極に電流

を流すと加熱されたフィラメントから熱電子が管内に放出（放電）され，管内の水銀原子と衝突して紫外放射が起こり，その紫外線が管内の蛍光体を発光させて可視光線を放射します．蛍光灯は，白熱灯に比べて長寿命・高効率ですが，光に多くの紫外線が含まれるため，博物館には不適です．しかし，紫外線吸収幕をつけた博物館用または美術館用の蛍光灯もあり，演色性を改善して Ra 95〜99 という高演色のものもあります．なお，蛍光灯は線光源で狭角配光ができず，配光制御や調光に限界があります．

③ LED（Light Emitting Diode）

21世紀になり，LED という新しい光源が，白熱灯や蛍光灯に代わって普及し，博物館でも使用されてきています．LED は，発光ダイオードとも呼ばれ，電気を通すと発光する半導体素子で，白色 LED には 3 つの発光方式があります．演色性を求められる博物館ではこのうち，①青色 LED＋蛍光体方式と②紫色 LED＋蛍光体方式が採用されていますが，①は②よりも演色性が低く，②は①よりも効率が低くかつ紫外線を含みます（藤原，2012）．

2）温度と水

温度と湿度

温度が高ければ資料の劣化速度は速くなり，温度変化は物質を膨張・収縮させて劣化の原因になります．以前に，温度変化の激しいところに口の閉じるビニール袋（ユニパック）に火山灰のサンプルを入れて放置していたところ，数年でビニールが劣化して袋が破れたことがありました．また，湿度が高ければ紙などの資料にカビが生え，金属資料に錆が発生します．そのため，博物館内の温湿度を適切な範囲に保つ必要があります．

温度とは，寒暖の度合いを数値で示したもので，一般に水の凍る温度を 0℃ とし，水の沸騰する温度を100℃ とする摂氏温度目盛りを使って表します．一方，湿度とは，大気中に含まれる水蒸気の量や割合のことで，絶対湿度，相対湿度，露点などの表記が使われます．

絶対湿度とは，単位体積（1 m³）当たりに含まれる水蒸気の重さ（g）です．それに対して，相対湿度は，単位体積当たりに含まれる水

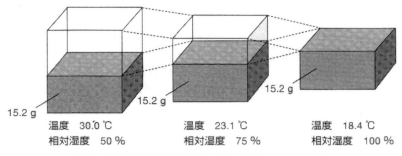

15.2 g

温度　30.0 ℃
相対湿度　50 %

15.2 g

温度　23.1 ℃
相対湿度　75 %

15.2 g

温度　18.4 ℃
相対湿度　100 %

図6-3　温度による相対湿度の変化（石﨑，2012より）

蒸気量（絶対湿度）と飽和水蒸気量との比を百分率で表した値（％）で
あり，空気の乾き具合や湿り具合を表し，人間の実感に即していて，天
気予報をはじめ広く使われています．

　飽和水蒸気量とは，空気1 m³に入ることのできる水蒸気量を g で表
したもので，温度が高くなるにしたがってその量は大きくなるという
性質があります．図6-3では，温度30℃，相対湿度50％である1 m³の空
気を考え，この時の飽和水蒸気量が30.4 g で，この空気中には15.2 g の
水蒸気が含まれています．温度が下がって23.1℃になると，含まれる水
蒸気量は変化しませんが，飽和水蒸気量が減少して20.3 g になるために，
相対湿度が75％に変化します．さらに，温度が低下して18.4℃になると，
飽和水蒸気量が減少して15.2 g になり，相対湿度が100％に達して結露
が生じます．この仕組みは，地上で暖められた空気が上昇して，上空で
急激に空気が冷やされることによって空気中の水蒸気量が飽和水蒸気量
に達して結露し，積乱雲が生じるのと同じです．

　絶対湿度と相対湿度の関係は，図6-4の「湿り空気線図（Psychrometric
chart）」で示すことができます．例えば，温度20℃，相対湿度60％であ
る室内の絶対湿度（A点）はグラフから8.7 g/kgと読むことができ，こ
こで室内に10℃の部屋にあった金工品を運び込むと，この金工品の表面
周辺の空気の温度が急激に低下し，湿り空気線図ではA点からB点（約
12℃）へ温度が変化し，B点で結露が生じ，C点（10℃）へ到達しま
す．C点での絶対湿度は約7.7 g/kgになるので，B点とC点の差分（1
g/kg）だけ金工品表面で水分が結露することになります．このように，
結露は異なる環境へ資料を急に移動させることでも起こり，この対策と

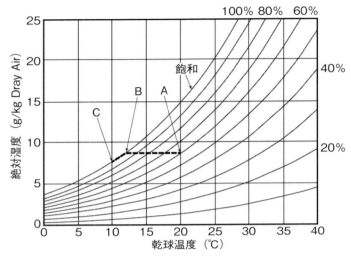

図6-4　湿り空気線図

温度20℃で相対湿度が60％の空気（A点）が温度12℃に低下して（B点）結露し，さらに10℃に低下してC点に至りました．この図での絶対湿度は，1kgの乾燥した空気の中に水（水蒸気）が何g含まれるかという重量絶対湿度（g/kg）で，本文中で1m³の空気で相対湿度を説明した容量絶対湿度（g/m³）とは異なります．

して移動時には新しい環境にしばらく置く作業，「慣らし（シーズニング）」によって結露が起こらないようにします．

保管に適した温湿度基準

　博物館での一般的な保管に適した温度は約20℃で，湿度は保存するものの材質によって異なりますが，一般的に60％です．出土遺物は，保存処理前のもので，防カビ処置が必要ですが100％，紙・木・染織品・漆は55〜60％，象牙・皮・洋皮紙は50〜60％，油絵は50〜55％，化石は45〜55％で，金属・石・陶磁器は45％以下，フィルムは30％以下とされます．

　「収蔵室」や「展示室」には，さまざまな材質の資料が複数置かれるため，より劣化しやすい資料（紙や木，油絵など）に合わせて，50〜60％や，55〜65％に設定されている場合が多いですが，できるだけ材質ごとに収蔵室を分けて収蔵することが適切と思われます．

　日本では，地域ごとまたは季節ごとの温湿度変化が激しく（図6-5），

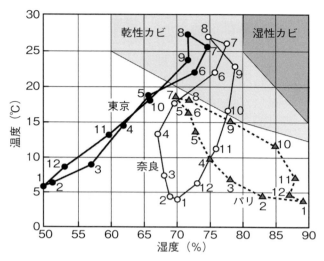

図6-5　東京・奈良・パリのクリモグラフ
（石﨑，2012より）

自然の状態では博物館にとっての温度・湿度とも不適正であり，とくに
夏場を中心に乾性カビが発生する危険性があります．そのために，温湿
度管理が必要となります．

温湿度の測定と測定装置

温度の測定装置

　アルコール温度計・水銀温度計：アルコールや水銀の温度による液体
　　の膨張する性質を利用した温度計です．

　白金抵抗温度計・サーミスタ温度計：白金や金属セラミックなどの物
　　質の温度変化により電気抵抗が変化する性質を利用した温度計です．

　バイメタル温度計：温度による熱膨張率の異なる２つの金属板を張り
　　合わせたものが，温度により金属板の曲がりの変位を利用して記録
　　をつけることができ，センサーや自記温湿度記録計として用いられ
　　ています．

　放射温度計：物体から放出される赤外線強度は物体表面の温度に依存
　　することを利用して，物体のから放出される赤外線強度を計り物体
　　表面の温度を測定します．放射温度計の利点は，非接触で高速に測

図6-6　自記温湿度記録計
上の記録ペンがバイメタル温度計で，下の記録ペンが毛髪湿度計．右側に縦に毛髪が設置してあります．湿度では10%くらい誤差が生じることがあり，数ヶ月ごとの較正が必要です．

　定できることです．

湿度の測定装置

　毛髪湿度計（図6-6）：湿度が高くなるとタンパク質でできている人間の髪の毛は水分を取り込み，その分膨張する性質を利用して湿度を測定します．毛髪湿度計では，記録ペンの動きにくるいが生じやすく，時々機器較正が必要です．

　電気抵抗湿度計：湿度が高くなると多孔質体や高分子膜には水分が取り込まれ，電気抵抗が小さくなり，電気容量が増加する性質を利用して，湿度を測定します．この測定方法は，デジタル温湿度計や温湿度データロガーで利用されています．

　温湿度の測定は，収蔵室，展示室，展示ケースの中の３ヶ所ですることが望ましく，年間を通して温湿度の記録をとることにより，年間変化を把握でき，その対処法などを検討できます．また，企画展などを開催する場合，展示期間の２週間前から展示室と展示ケースの中の記録を取り，資料に影響がないかを確認し，影響がある場合は対処します．温湿度の記録は，グラフとして見る方が温湿度の傾向や異常が認識できます（図6-7）．

　一般にコンクリートの建物は建築から１年でも湿気が残存しているの

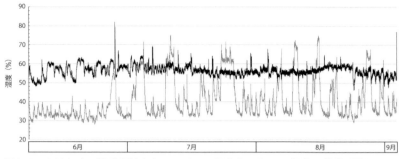

図6-7　ふじのくに地球環境史ミュージアム収蔵室１と10の湿度の推移（渋川ほか，2022）

2021年６月８日から９月２日までの間の記録で，灰色線は収蔵室１（１階の哺乳類・鳥類等剥製収蔵室），黒線は収蔵室10（２階の植物さく葉標本収蔵室）の湿度変化を示します．収蔵室１では，同年度より除湿機を１台追加し，計２台を稼働しています．それにもかかわらず，通常は30％程度と低い湿度が，雨天時等には70％を超える日が認められました．他方，２階にある収蔵室10では，湿度が50〜60％の間で変化の少ない状態がおおむね保たれています．

で，博物館として利用するには，コンクリートを乾燥させる期間が必要で，その作業を「枯らし」と呼びます．「枯らし」をしても収蔵室では湿度管理が必要で，一般に１階の空間は湿度が他の階と比べて高い傾向にあり，湿度に気をつけなくてはならない資料の収蔵には適しません．その他の資料でも，湿度管理とその対策が必要です．

湿度の制御

　資料の周りの湿度を制御する方法として，展示室や収蔵室内に空調した空気を送る方法と展示ケースに調湿剤を入れる方法，吸放湿性のよい木材を内壁にして二重構造にする方法，木材でつくった保存箱に資料を入れる方法があります．奈良の正倉院では，宝物は杉材で作られた唐櫃という箱の中に収められていました．木材には，湿度が高くなれば水分を吸着させて湿度を下げ，湿度が下がれば水分を放出して湿度を上げるという緩衝作用があり，唐櫃の中は年間を通して湿度が安定しています．植物標本を茶箱に入れて保管するもの，これと同じです．

　空調による制御として，収蔵室や展示室などに用いられる空調機は，温度と湿度を制御するため温度を下げるための冷却コイルと，温度を上

げるための加熱コイル，湿度を上げるための加湿器からなっています．この空調機の仕組みは，空調機に入った空気が，エアフィルタを通った後に冷却コイルによって低温にされ，同時に空気に含まれる水分は結露によって取り除かれて低温で乾燥した空気になります．その後に，その空気は，設定された温度まで加熱されて，さらに設定された湿度まで加湿されます．

　収蔵室などでは，相対湿度の状況に応じて加湿器や除湿器を使用する場合があります．加湿器には蒸発式と噴出式があり，蒸発式は水槽内の水を加熱器で加熱して水面から蒸発する蒸気により加湿するもので，噴出式は水をノズルから噴出して噴霧された水の粒子を空気と熱交換して蒸発させて加湿するものです．噴霧式の加湿器は展示物に水があたって濡らす恐れがある上に，水道水の石灰分が付着したところがカビの原因なるため，一般には蒸発式のものが用いられます．どちらの加湿器も長時間使用していると内部にカビが発生するため，内部の清掃が必要です．

　除湿器は，内部に冷却器をもっていて，空気中の水分を結露させて取り除く仕組みです．除湿された水を内部のタンクに貯留するタイプの除湿器では，タンクに溜まった水を頻繁に捨てる必要があります．また，除湿器はそれ自体が発熱して室温を高くするので，その点を注意する必要があります．

　調湿剤は，収蔵室の空気の湿度を一定に保つためのものではなく，資料周辺または資料ケース内に起こる急激な湿度変化をやわらげるために使用します．調湿剤は粘土やゼオライト（沸石），シリカゲルなどの多孔質な材料でできていて，その多孔質の表面に水を吸着させることによって空気中の湿度に応じて蒸発や凝結します．

3）空気

室内汚染物質の種類と影響

　博物館では，入館者と職員の健康を害さないためと，資料の劣化を進めないために，つねに空気を清浄に保つことが必要です．空気汚染として問題となる物質には，大気汚染に関わる環境基準（大気環境基準）で定められている二酸化炭素，光化学オキシダント，二酸化硫黄，一酸化炭素，浮遊粒子状物質があります．また，室内では，シックハウス症候

群で問題となっている建材から発生するホルムアルデヒドや揮発性有機化合物（Volatile organic compounds; VOC），人間の呼吸から発生する二酸化炭素も問題となります．

　博物館では，外（正面玄関，職員玄関，トラックヤード，換気口）から，または館内の人，博物館の建物や展示ケースなどの建材や内装材などのさまざまな箇所から汚染された空気が流入，または発生します．空気汚染の原因物質は，①粒子状物質と②核をもたないガス状物質からなります．

　①には粉塵，海塩粒子，花粉，灰，煙などがあり，粉塵は，付着して表面を汚し，粉塵にカビ胞子が含まれる場合，絵画などの表面にカビによる染みが発生します．海塩粒子は，吸湿性が高く水分を吸収するため，金属製資料を錆びさせます．

　②にはアンモニア，有機酸，アルデヒド，二酸化硫黄，窒素酸化物などがあり，アンモニアは建材のコンクリート，内装塗料，人の汗，床の清掃用ワックスなどから発生し，油絵のアマニ油を褐色に変化させ変色や錆の原因になります．木材や内装材などの接着材から発生する有機酸（酢酸，ギ酸）やアルデヒドもまた，日本画の顔料である鉛丹や鉛白を変色させます．

空気汚染の調査

　博物館内の空気中に汚染物質があるかどうかについて，調査することが必要です．調査方法は，①臭いをかぐという簡単な方法から，②変色試験紙法，③ガス検知管，④パッシブインジケーター，④専門業者に依頼して分析する方法などがあります．

　②の変色試験紙法は，空気中の水分を試験紙に吸着させ，色でPhを確認するもので，24時間経過後の色味で判断します．この方法は，簡単で安価（100枚で数千円くらい）ですが，つねに空気が動いている場所や乾燥空間では使用できません．

　③のガス検知管は，汚染物質に反応して変色する検知管で，アンモニア検知用と有機酸（ギ酸・酢酸）検知用あります．ポンプで管の中に空気を吸引し，変色の有無や変色部分の長さで判断します（図6-8）．この方法は，簡単で比較的安価（管は1本200円くらい）で，変色部分の有無で汚染物質の有無を判断し，変色部分の長さで汚染物質の濃度を知る

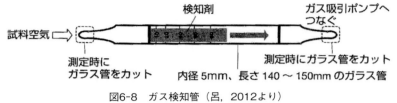

図6-8 ガス検知管（呂，2012より）

ことができます．

　④のパッシブインジケーターは，アンモニア検知用と有機酸（ギ酸・酢酸）検知用あり，調査したい箇所に置いて数日後に回収するもので，検知剤が汚染物質に反応して変色します．変色の有無で汚染物質の有無を判断し，変色の程度で汚染物質の量を判断できます．この方法は簡単ですが，やや高価（１個2,000円弱）です．

空気汚染と粒子状汚染物質に対する姿勢

　空気またはガス状汚染物質と粒子状汚染物質に対しては，日常的に注意する必要があり，汚染を防ぐ姿勢で取り組む必要があります．この姿勢の具体的な対策は，次のような項目があります．

　空気またはガス状汚染物質に対して，
①館内に汚染物質を持ち込まない／持ち込ませない．
②館内で汚染物質を発生させない．（床用ワックスや殺虫殺カビ剤などには化学物質が含まれない，なるべくガスの放出が少ないものを使用します．）
③日常的な観察・点検を通じて汚染物質の存在を注意する．
④汚染物質が発生したらすぐに取り除く．
⑤資料の保管に，中性紙を使用した保存箱や封筒など，ガス吸着シートを使用する．
⑥資料や来館者からアンモニアや炭酸ガスが多く発生するため，来館者が多いい場合に換気量を上げる．
⑦空調設備にガス除去フィルターを設置する．
⑧建物・展示ケースに，ガスの発生量が少ない素材を使用し，完成直後にすぐに使用しないで，資材の「枯らし」作業を行う．

粒子状汚染物質に対して,

①出入口を二重扉にする(=出入口に風除室を設ける).

②出入口に塵埃除去用マットを設置する.

③出入口を清掃する.頻繁な清掃と掃除機の排気部に目の細かいフィルターを設置する.

④換気口に目の細かいフィルターを設置する.

⑤空調設備に目の細かい塵埃除去フィルターを設置する.

⑥館内を正圧(室外より高い圧力)にし,扉を開けた時,外気が入りにくくする.

⑦収蔵室の前に前室を設け,収蔵室に入る前に上履きに履き替える.

⑧収蔵室の出入口に粘着マットを設置する.

2 生物被害と対策

博物館での生物被害

　博物館には，博物館資料や展示ケース，建物などに被害を与える生物が多くいます（図6-9）．博物館資料に害をなす生物としては，昆虫が代表的で，資料に害をなす昆虫を「文化財害虫（加害害虫）」と呼びます．昆虫は，とても種類と個体数が多い生物で，そのすべてが資料に害を与えるのではなく，30目ほどある昆虫のうち博物館への害がとくに大きいのは9目（①シミ目，②ゴキブリ目，③シロアリ目，④バッタ目，⑤チャタテムシ目，⑥コウチュウ目，⑦ハチ目，⑧ハエ目，⑨チョウ目）で，一部の種類に限られます．

　文化財害虫には，資料の中で一生のほとんどを過ごす種類と文化財を外部から食害・汚染する種類に大別されます．文化財害虫は種数が多く，被害現場で実際に加害虫が採取されない場合，その食痕や脱皮殻，虫糞の形状で加害虫を推定します．文化財害虫は，おもに加害する資料の材質に応じて分けられ，①植物質害虫，②動物質害虫，③資料の汚染に区分されます．

　①植物質害虫：植物由来の資料や展示ケース，建材などをおもに加害する昆虫．

　　例）木材，竹材，紙，綿・麻，畳，乾燥植物＋建材，展示ケース

　②動物質害虫：動物由来の資料をおもに加害する昆虫．

　　例）羊皮紙・毛皮，毛織物，絹，動物標本

　③資料の汚染：糞や土などによって資料を汚染する昆虫．

　　同じ種類の昆虫が，複数にわたって害を及ぼすこともよくあります．

　　例）ミゾガシラシロアリ科：植物質害虫（木材，綿・麻）＋資料の汚損

　文化財害虫は，資料への被害の程度・頻度により，重要度A・B・Cにランク分けされています．

　①重要度A：資料への被害発生頻度が高く，かつ加害力の強大な害虫．

図6-9　トラップ調査で捕獲した館内に侵入した昆虫
博物館のバックヤード出入口でのトラップ調査で捕獲された中には文化財害虫のクロゴキブリもみられます．（ふじのくに地球環境史ミュージアム）

　　②重要度Ｂ：資料への被害発生頻度は高いが，加害力は強大でない害
　　　虫，または被害発生頻度は低いが，多大な被害をもたらす害虫．
　　③重要度Ｃ：資料への被害発生頻度は低く，かつ被害も軽微な害虫．
　　文化財害虫は種類が多く，とくに注意が必要な重要度Ａの昆虫18種
を示します．これらについて，①成長段階に応じて被害の有無が変わ
る場合があり，②地域によって注意しなければいけない昆虫の種類が
変わり，③季節により変化する場合があります．文化財害虫について
は，「文化財害虫事典」や「文化財害虫カード」などが東京文化財研究
所（2004，2009）から出版されていますので，詳細についてはそれらを
参考にしてください．

文化財害虫

①シミ目：ヤマトシミ
　体長が約１cmで，体は扁平で銀色の鱗毛（りんもう）をもち，触角が長く，尾端
には１対の尾毛の他に１本の尾糸があります．寿命は７～８年で，無変
態（蛹（さなぎ）の時期がなく，成虫も無翅で幼虫（むし）と差異はほとんどない）です．

すばやく動き，室内ではうす暗く，湿度の比較的高い場所を好み，野外では樹木の幹や岩陰に潜んでいます．日本全域に分布し，植物質被害，動物質被害，糞による資料汚染をします．糊づけした紙（古書など）や掛軸，巻物をとくに好む特徴があり，表面をなめるように浅く食害します．幼虫・成虫ともに加害し，75〜95％の高湿な環境を好み，絶食状態でも1年以上は生存します．

②ゴキブリ目：クロゴキブリ

　体長は成虫で2〜4cmと比較的大きく，体は扁平で，触角は長く，体表に光沢をもつ種類も多くいます．雑食性のものが多く，おもに夜間活動し昼間は物陰に潜んでいます．卵は卵 鞘（らんしょう）を形成し，この中には約20〜30個の卵が入っています．不完全変態（蛹（さなぎ）の時期がなく，幼虫には翅芽（しが）が見える）で，関東以南・伊豆諸島に分布し，植物質被害，動物質被害，糞により資料汚染をします．書籍の糊づけした表紙などを食害することが多く，木造の仏像や屏風の修理に使われるデンプン粉も食害します．食性が広く，あらゆる有機物を食害し，成虫・幼虫ともに加害します．20℃以上で75％以上の温暖で高湿な環境を好み，博物館のレストランが発生源になることがあります．

③シロアリ目：ヤマトシロアリ，イエシロアリ

　ヤマトシロアリは北海道の一部を除く日本全域に，イエシロアリは神奈川県以西の海岸線に沿った温暖な地域と千葉県の一部などに分布し，成虫が植物質被害と営巣（えいそう）や蟻道構築（どう）のために土や糞を資料や建物に塗りつけ資料を汚染します．加害速度が速く，被害が大きいのが特徴です．被害資料の内外にも乾燥した砂粒状の糞を排出します．

④バッタ目

　成虫が植物質に被害を与え，掛軸の糊づけした布地部分をひどく食害した例があります．

⑤チャタテムシ目

　体長は1mm以下の種類が多く，よく動き，屋内では湿気のある場所や塵の中，カビの生えやすい畳や壁紙の裏側に潜みます．植物質と動物質被害を与え，糊づけした紙をとくに好んで食害します．紙に発生したカビも食べ，体が小さいため被害は比較的軽いですが，発生頻度は高く，成虫・幼虫ともに加害します．高湿を好みますが，60％以下では発育や繁殖が停止します．

⑥コウチュウ目

　動物界の中で最大のグループで，この目には，重要度Ａの種が以下の11種も含まれます．

　・カツオブシ科：ヒメカツオブシムシ，ヒメマルカツオブシムシ
　・ナガシンクイムシ科：チビタケナガシンクイ，ニホンタケナガシンクイ
　・ヒラタキクイムシ科：ヒラタキクイムシ，ナラヒラタキクイムシ
　・シバンムシ科：フルホンシバンムシ，ザウテルシバンムシ，ジンサンシバンムシ，タバコシバンムシ，ケブカシバンムシ

　ヒメカツオブシムシとヒメマルカツオブシムシは日本のほぼ全域に分布し，植物質と動物質の被害を与えます．幼虫がおもに加害し，食性が広く，乾燥した動植物のほとんどを食害します．成虫も被害資料から脱出する際に穿孔食害します．

　チビタケナガシンクは日本全域に，ニホンタケナガシンクイは本州以南に分布し，幼虫・成虫ともに植物質に被害を与え，デンプン含量が多い節の部分をとくに加害し，一般に内皮・表皮は食害しません．被害が大きくなると，内部は粉状の虫粉が充満して脆くなります．

　ヒラタキクイムシは日本全域に，ナラヒラタキクイムシは関東以北に分布し，幼虫がおもに竹材や乾燥した木材（ラワン，ナラ，ケヤキ，カシ）などの植物質に加害し，成虫も資料から脱出する際に穿孔食害します．多くは繊維方向に孔道をつくりながら食害し，材の表層部だけ残して，内部を粉状にします．展示ケースに発生した後，そのケース内にある資料を食害することがあります．

　フルホンシバンムシ・ザウテルシバンムシ・ジンサンシバンムシ・タバコシバンムシ・ケブカシバンムシは，本州以南に分布するザウテルシバンムシ以外ほぼ日本全域に分布し，幼虫がおもに植物質と動物質の資料に加害します．文化財害虫の中でもっとも被害が多く，激しく，書籍や古文書，掛軸などをとくに好んで食害します．表面だけでなく，トンネル状に貫通して食害し，成虫は脱出する時だけ穿孔食害をします．

⑦ハチ目

　巣や巣の出入口として利用するために木材を穿孔し，建物や資料の上に泥で巣をつくり汚染する場合があります．

⑧ハエ目

動物資料を中心に食害しますが，被害はそれほど大きくなく，糞であらゆる材質の資料を汚染します．また，病原体を運ぶことがあります．

生物被害対策の歴史

文化財害虫をはじめとする，博物館の資料に深刻な被害を及ぼす生物への対策は，博物館では以前から行われてきました．しかし，その内容は，2000年ころを境に，その前と今では様変わりしています．

2000年代初めまでは，殺虫のために，薬剤を用いた燻蒸（くんじょう）を行うことが主流で，これは図書館や文書館なども同様でした．この燻蒸には，臭化メチルと酸化エチレンの混合ガスが使用されていました．薬剤が漏れないように密閉できる燻蒸室が設置され，資料の搬入時にはそこで燻蒸が行われ，また年1回など定期的に全館または収蔵室など一部でガス燻蒸が実施されていました．この館内の燻蒸中は博物館が閉館され，博物館での年中行事でもありました．

この館内での燻蒸作業は，施設・設備の準備が大変でしたが，実施は簡単であり，殺虫効果が高いので，多くの博物館で行われていました．しかし，1997年にモントリオール議定書締約国会合で，燻蒸に使用されていた臭化メチルが地球のオゾン層を破壊する恐れがあるということで，「2004年末までに先進国での臭化メチル使用を全廃し，2015年末までに発展途上国での臭化メチル使用を全廃する．」ということが決定されました．このため，2005年以降に日本では臭化メチルを使用した燻蒸を行えなくなりました．そして，今までの生物被害対策をガス燻蒸のみに頼ってきた博物館では，ガス燻蒸からの転換を余儀なくされました．

2004年末での臭化メチル使用全廃が決まった1997年から，博物館では徐々に生物被害対策の転換が図られてきましたが，2005年以降は完全に予防的保存及び安易に薬剤に頼らない虫害対策へとシフトし，どうしても対処が難しい場合に限り，臭化メチル以外の認定された薬剤を使用した燻蒸が行われるようになりました．

1997年以降の生物被害対策は，定期的なガス燻蒸による殺虫から，予防的保存を重視するという考え方に移行され，問題を予測し，なるべくそうならないように事前に対処するやり方である総合的有害生物管理（IPM：Integrated Pest Management）を行うことが，博物館では奨励されました．このIPMは，もともと多量の農薬に頼らない虫害対策とし

102

て農業分野で始まった手法で，① Avoid（回避），② Block（遮断），③ Detect（発見），④ Respond（対処），⑤ Recover ／ Treat（復帰）の 5 つのステップを順次行うものです．

総合的有害生物管理（IPM）

① Avoid（回避）：生物被害を発生させる原因を取り除き，発生を防止します．
  ・資料管理の重要度に応じて館内を区分する（ゾーニング）．
  ・日常的に注意を怠らない．
    例）収蔵室に入る時は上履きに履き替える．粘着剤付マットを敷くなど．
  ・フィルター付き掃除機を使用するなど，こまめに清掃を行う．
  ・温湿度管理を徹底する．
② Block（遮断）：害を及ぼす生物が侵入するルートを遮断します．
  ・出入口やシャッターは必要な時以外開けない．
  ・窓に網戸をつける．
  ・扉の下などの隙間をふさぐ．
  ・外部から資料などを持ち込む場合，資料に害虫がいることを想定して，適切に殺虫処理する．
③ Detect（発見）：有害生物そのものや有害生物による被害を発見し，被害の拡大防止を図ります．
  ・害虫や被害の有無について定期点検し，害虫やその痕跡（脱皮殻，糞，虫粉，食害痕など）を見つける．
  ・生物被害（場所や資料，害虫の種，被害の程度など）の記録をつけてモニタリングする．
  トラップ調査：各種トラップを使用して，害虫を捕まえる．
  ・粘着トラップ（図6-10），フェロモントラップ（図6-11），ライトトラップ（光で集める）などを設置する．
  ・資料の周りを移動して回る生物の調査に向くため，設置場所も重要．
    例）ゴキブリ，ヤマトシミ，カツオブシムシ科など．
  ・トラップ内の死骸が餌となり，新しい生物を誘引してしまうので，1ヶ月以内に回収する．

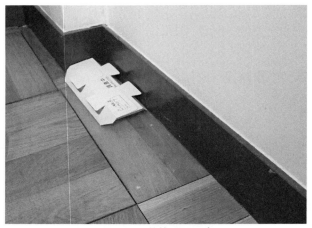

図6-10 粘着トラップ
歩行昆虫のトラップで，餌などでの誘引剤はつけず，通常の状態
での存在を調べます．（ふじのくに地球環境史ミュージアム）

目視調査：目で見て，有害生物の糞や食害痕などがないかを調査する．
・資料の中に長期潜むような生物の調査に向く．
捕集調査：特定の害虫の発生度を予測するため行う．
④ Respond（対処）：被害が生じた資料・場所に防虫処理・殺虫処理をします．
・被害を受けた資料を他の資料から隔離する．
・被害を受けた場所を封鎖する．
・被害を受けた資料を調査して，被害を与えた生物の種類，被害の程度などを必ず記録する．
・被害を受けた場所を調査する．
・被害を受けた資料・場所に対して防虫・殺虫処理をする．
⑤ Recover/Treat（復帰）：安全な空間に資料を戻し，再発を防ぎます．
　かつては，ガス燻蒸を定期的に行うことで虫害対策をしていましたが，今は，最初からガス燻蒸を選択するのではなく，①・②の予防的保存対策をしっかりと講じつつ，なるべく早く被害に気づくために③の点検を行い，被害が発生した場合は，④の中から資料に適した方法を選んで対処していきます．

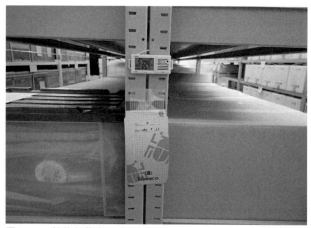

図6-11　植物収蔵室に設置したフェロモントラップ（中央下）とその上に温湿度データロガー（ふじのくに地球環境史ミュージアム）

　これらの中には，専門業者に依頼しなければならない作業もありますが，一部作業を除いて基本的に学芸員を中心に行うものです．また，最終的にガス燻蒸を選択する場合も，学芸員にはきちんと業者選びをして，認定薬剤を使用しているかどうかの確認をし，作業に立ち会うことが求められます．そのためには，自分自身の専門分野にかかわらず，資料を害する生物についての知識を一定程度もつ必要があります．

防虫処理と殺虫処理

①防虫処理
　プロフルトリン，パラジクロロベンゼン，樟脳（しょうのう）など蒸散性防虫剤を使用します．混用すると薬剤が反応して溶け出し，資料にシミがつくので注意が必要です．広い場所で使用すると効果が薄く，防虫剤の中には毒性が高いものから低いものまであり，資料や場所に応じて適宜使用します．
①殺虫処理
　薬剤不使用のノンケミカルな方法として，低酸素濃度処理と二酸化炭素処理，低温処理，高温処理があり，ケミカルな方法（薬剤使用）としてはガス燻蒸があります．

図6-12　二酸化炭素処理用テントとガスボンベ
（ふじのくに地球環境史ミュージアム）

　低酸素濃度処理は，酸素濃度を0.3％未満に保ち，酸欠状態にして殺
虫し，温度は20℃以上にして行うもので，資料への影響はほとんどなく，
幅広い資料に使えます．小型の資料なら，脱酸素剤を使用して専門家な
しで処理できます．しかし，木材資料の深部などには効果が出にくい欠
点があります．

　二酸化炭素処理は，二酸化炭素濃度を60〜80％の高濃度に保ち，殺虫
する方法です（図6-12）．強力な方法のため，処理時間が低酸素濃度処
理より短い期間（約2週間）ですみます．欠点としては，鉛系顔料を使
用した資料では変色したとの報告例があり，できない資料に注意が必要
です．また，二酸化炭素は毒性が高いので，この点も注意が必要です．

　低温処理は，資料を−40〜−20℃の低温状態で一定期間置き，殺虫す
る方法で，冷凍庫があれば安価で行え，簡単です．低温状態は，−30℃
で5日間，−20℃で2週間置くことでほとんどの害虫が死にます（図
6-13）．ただし，油彩画，アクリル画，写真，象牙，漆製品，出土木材
などの油膜やアクリルは，低温状態が続くとガラス状に変化するので，
この方法には不向きです．

　高温処理は，資料を50〜60℃の高温状態で一定期間置き，殺虫する
方法で，恒温器があれば，安価で簡単です．高温状態は55℃で6時間，

図6-13　冷凍庫
（ふじのくに地球環境史ミュージアム）

60℃で4時間半，ほとんどの害虫が死にます．速効性あり，害虫だけでなく，カビにも効き（ただし胞子は生存する），資材の殺虫法としても利用できます．欠点は，適用できる資料が，木製品の一部と乾燥植物だけということです．

　ケミカルな方法（薬剤使用）としては，認定されている薬剤を使用して殺虫・殺カビするガス燻蒸があります．認定薬剤（成分）としては，フッ化スルフリル，酸化エチレン，酸化プロピレンなどがあり，これらは吸着する性質があるため，使用後はガス抜きが必要で，収蔵室のようなガス抜きが難しい場所での使用には不向きです．しかし，速効性があり，殺虫だけでなく，殺カビも可能です．欠点としては，ガスに発がん性や急性の毒性あり，ガス燻蒸に伴い博物館を休館にする必要があり，専門業者に依頼するため費用がかかります．

カビ

　昆虫以外でもっとも警戒しなければならない生物被害は，カビによるものです．カビについては，「温湿度」や「空気汚染」の問題でもあり，昆虫に比べてカビによる被害の報告は少ないですが，一度カビが発生してしまうと被害は甚大になります．

カビとは，真菌類の一種で，カビの胞子は自然環境ではあらゆるところに存在し，適度な水分と栄養分があれば生育し，発芽し，菌糸の塊となり，胞子を生産していきます．資料に見られる斑点がカビかどうかを確認するために，顕微鏡で菌糸の有無を調べればわかります．カビの繁殖は，温度が20℃以上で湿度が70％以上で起こります（図6-5参照，91ページ）．そのため，カビの予防には，①温度と水分（湿度）の制御と，②栄養分の除去を行うことが必要です．

①の温度と水分の制御としては，温度と湿度を繁殖に適さない範囲にすることと，結露や漏水を起こさせないように気をつける必要があります．そのためには，建物の外壁の裏側にあたる壁面に接して物を置かない，床に直接資料を置かない，床や壁を水拭きしない，収納棚の一番下は床面から最低10cm以上上げ，空気循環を確保するなどの対策をします．②の栄養分の除去としては，こまめに清掃して埃や汚れなどを除去します．

カビが発生した際の対処として，カビが発生した資料を他に被害が広がらないように隔離し，カビが発生した場所を封鎖した上で水分除去と相対湿度を下げます．そして，被害が大きくない場合は80％のエタノール溶液（水分に弱い資料には，無水エタノールを使用）で殺菌します．カビは人体にも有害なため，万全の態勢で（マスクや手袋，ヘアキャップなど作業着に着替えて，排気システムを考慮して）行います．被害が大きい場合，ガス燻蒸で殺カビ処理します．この場合，殺カビ効果のある認定薬剤を使用しますが，毒性が高いため専門業者に依頼します．

資料に被害を与える哺乳類・鳥類

博物館の生物被害のほとんどは，昆虫によるものですが，昆虫以外にも被害を与える生物はいます．このうち，哺乳類・鳥類で代表的なものは，ネズミ，アライグマ，ハトなどの鳥類があげられます．

ネズミは，資料をかじり，毛や糞で資料を汚し，病原体を運びます．アライグマは，近年，爪痕による被害の報告例が増加しています．ハトなどの鳥類は，羽根や糞で資料を汚します．

これら哺乳類や鳥類による被害も報告されていますが，昆虫に比べて個体が大きいこともあり，屋内に入り込むことは阻止しやすく，建物の被害を含む屋外資料での被害が中心になります．

生物被害対策関連の資格

　公益財団法人「文化財虫菌害研究所」では，以下のような資格制度が設けられています．

①文化財虫菌害防除作業主任者（1974年～）

　文化財分野における虫・菌害の防除施工や被害調査を，確実性と安全性を確保して行う技術者のための資格です．この資格は，防除施工，被害調査などを業務とする技術者だけなく，博物館の学芸員や図書館の司書なども取得しています．

②文化財 IPM コーディネータ（2011年～）

　文化財 IPM を正しく理解し，文化財 IPM の考え方に基づいた「環境把握」，「防除対策の検討・提案」を行い，実際に被害が生じた場合は，専門家と相談しながら文化財 IPM を円滑に進めていく者のための資格です．この資格は，博物館の学芸員，図書館の司書のほか，防除施工や被害調査を業務としている技術者，さらに美術品を輸送する運送会社，ビル管理会社など幅広い分野の方が取得しています．

3 自然被害・人的被害への対策

1）自然被害と対策

　自然災害として，地震や土砂崩れ，大雪，強風（竜巻），火山爆発などによる建物や資料の損傷や汚損，津波や河川の氾濫による資料の水損などがあります．自然災害は生物被害に比べると発生頻度は低いものの，一度発生すると大きな被害につながるため，自然災害への対策は欠かせません．

　ここでは，代表的な自然災害である地震とそれによる博物館の被害，とるべき対策について述べます．

地震による被害と対策

　日本は地震の多い国で，各地で地震が頻発しています．最近だけでも，阪神・淡路大震災や東日本大震災，熊本地震のような大地震も起こっており，どの地域でも地震への備えが求められます．地震は，その発生メカニズムが解明されていないばかりか，どこでどのような地震がいつ起こるかを予知することができません．そのため，どこでも，いつでも起きることを想定し，被害の程度を低める対策を事前に講じておくことが必要です．

　地震が発生すると，その揺れによる建物の損傷や倒壊，地すべり，地盤の液状化という直接的な現象が起こるだけでなく，それらに伴い火災や津波，水道や電気などのライフラインの寸断といった二次災害も生じることがあります．このように複合的な現象が連続することが，地震による被害を大きくします．そのため，地震に対しては，揺れ・火災・水損（水漏れや津波に伴う）という3つの現象への対策が求められます．以下に耐震対策を示します．

①建物の耐震化・免震化を行う．
　　耐震化：壁の強度を上げるなどして，建物が揺れに対して耐えるようにする．

免震化：建物と基礎の間に免震装置を設置し，地盤と切り離すことで
　　揺れを直接伝えないようにする．

②耐震診断の実施

　1981年（昭和56年）に建築基準法の耐震基準が大改正されました．し
かし，平成30年の社会教育調査によると，少なくとも1/4ほどの博物館
が旧耐震基準による建築であり，耐震診断をしていない館がかなりあり
ます．このことは，建造物の重要文化財の耐震診断実施率が1割を切る
という結果からも推測されます．耐震診断の結果，耐震基準に満たない
時には，本来なら耐震補強工事や建て替え工事が必要になりますが，予
算がかなりかかるため，そのまま放置されている館もあると思われま
す．博物館の耐震診断については，3階以上の建物でかつ総床面積が
5,000m^{2}以上のものは必ず行わなくてはならず，構造耐震指標であるIs
値（0.3以下では倒壊の危険性）が第一次審査で0.8以上，第二次審査で
0.6以上が必要です．対策工事を行わなくてはならない場合は，それに
係る費用の一部を建築物耐震対策緊急促進事業によって補助される場合
があります．

③収蔵棚・展示ケースの揺れ・転倒の防止

　資料の損傷を防ぐために，棚やケースを床・壁に固定し，棚やケース
の施錠，棚の前面に落下防止のバーや網を張る，台座やテグスを使用し
て台に固定，免震台の使用，緩衝材（綿布団・綿枕など）の利用，安定
性を保つため資料の内部におもりを入れるなど工夫します．

④火災による被害と対策

　建物や資料が焼損する（部分焼～全焼）こともあるため，鉄筋コンク
リート造など耐火建築にし，類焼の防止のため建物の周囲に空間を開け，
漏電の防止ため定期点検をかかさず，敷地内ではなるべく火気厳禁とし
ます．また，火災報知器，火災監視システム，火災警報器などと，消火
設備（水／ガス）を適切に配置し，消火設備の点検と防災・消火訓練を
定期的に行います．

⑤水損による被害と対策

　水に弱い資料は変形し，泥汚れ，塩分による錆の進行，カビの発生に
つながりますので，資料を高い場所に置き，床に直置きしないようにし
ます．

緊急時のおもな対策

①災害の警報が出た時

　人命の救出を優先することはもちろんですが，資料についても対応が早ければ早いほど，救出できる資料の数は増えます．それには，48時間で差が出るといわれます．資料の救出・避難は，安全確認後，優先度の高いものから順に行います．そのため，優先度を事前に決めておく必要あります．また，水道・ガス・電気の供給源を切るなど，さらなる被害を受けないための措置をとります．緊急時に誰が何をするかといった対応マニュアルを整備することと，その訓練は定期的に実施します．

②資料の緊急避難

　優先度は，他館などからの借用資料，館を代表する資料，文化財指定された資料，模式標本，使用頻度が高い資料，研究価値が高い資料，専門分野を代表する資料，代用品がない資料，高価な資料などがあります．これらに加えて，重要な組織情報（会計資料，加入保険リスト，データベースのバックアップ）や資料情報（作成年，作成者，収集年・場所など）もなるべく早く救出すべきものとなり，それらのものは取り出しやすい場所に置いておきましょう．また，データについては，平常時からデジタルデータ化し，バックアップ，またはクラウド上などに保管するなどが必要です．

③建物の完全確保と避難所の開設

　いったん，博物館外へ出た後に再入館するのは，安全監督者や緊急管理者によって安全が確認され，許可を得てからとし，建物の安全を確保し，温度と相対湿度を下げ環境の安定化を行います．また，資料の救出場所を確保し，その応急措置をするための物品（扇風機，乾燥用材料，きれいな水）などの準備をします．

④被害の記録と資料の応急措置

　被害を受けた場所や被害を受けた資料の現状・処置内容などを記録することが必要です．ここでの記録が，後々，該当資料を長く保存していく上での重要な参照資料になります．この記録には，必ず救出した資料のナンバーリングとそれに基づいたラベルと写真が必要です．

　被害状態による資料の区分を行い，それぞれの対処ごとに分類します．例えば，被害を受けたもの／受けていないもの／濡れたもの／乾いたも

のなど被災者に対する「トリアージ」のようなタグをつけて区別します．次に，被害を受けた資料の種類や数，被害の規模などを大まかに見積もり，その復旧作業の全容を把握し，保険金や公的資金などを後に受けるための措置を行う必要があります．その後，できるだけ早く保存修復の専門家に相談し，その後の対応の指示を仰ぎます．

応急処置の作業手順について基本的には，最初は水を使わず，刷毛やブラシなどの洗浄道具で落とせるだけの汚れを落とし，それでも落ちないこびりついた泥や砂の汚れはきれいな水や流水を使って除去して乾燥させます．この洗浄作業は資料をしっかりと乾燥できる場所を確保し，カビが発生しない環境で行います．

また，資料のカビのチェックも行い，発見したらまずその資料は隔離して，その後にカビの除去作業を別の場所で行います．資料を安全な場所に移してから，乾かすのが基本で，これはカビの発生を抑えるためであり，48時間以内に乾燥が間に合わないものは冷凍することも検討します．

⑤資料の保存修復

保存修復の作業は，被災時の損傷個所をもとの形状に戻す作業の中心となります．したがって，ここでの作業は保存修復の専門家が中心となって進められますが，修復の専門家はその博物館の学芸員と，その資料をどのように位置づけ，後世にどのように残していくかということをよく話し合い，共通理解と目的をもって修復計画をたて，実施にあたるべきです．

自然災害に対する行政などの対応

①文化財レスキュー事業

文化庁による被災文化財等救援事業（通称：文化財レスキュー事業）は，自然災害により被災した美術工芸品を中心とする文化財等を緊急に保全し，廃棄・散逸や盗難の被害から防ぐため，災害の規模・内容に応じて文化庁が立ち上げる事業です．これは，1995（平成7）年の阪神・淡路大震災の時に初めて組織され，2011（平成23）年の東日本大震災においても2年間展開されました．2016（平成28）年の熊本地震に際しても活動しました．そして，文化庁と国立文化財機構が検討を行い，2014（平成26）年7月から文化庁の文化芸術振興費補助金（美術館・歴史博

物館重点分野推進支援事業）を活用して文化財防災ネットワーク推進事業が開始されました．なお，これらの災害では，自然史系も含めて各種団体，全国の博物館関係からの人と資金の支援活動もあり，博物館の資料に関するレスキューの活動が展開されました．

②災害復旧に伴う財政援助

　災害復旧に伴う財政援助として，「激甚災害に対処するための特別の財政援助等に関する法律」が適用されます．また，「災害対策基本法」に規定する著しく激甚である災害が発生した場合，国が地方公共団体に対して特別の財政援助又は被災者に対する特別の助成措置もあり，激甚法が適用された公立博物館は災害復旧に伴う経費の2/3が国庫補助金で賄われます．私立博物館は「激甚法」の適用外ですが，阪神大震災時の時には，法令別区分に応じて災害復旧に伴う経費の一部が補助されました．

2）人的災害・被害とその対策

　博物館資料の被る被害には，人によってひき起される人災もあります．その原因をみると，明確な悪意のある犯罪行為から，悪戯・事故・不注意・失敗など，さまざまです．ここでは，おもな人災と，その予防策をそれぞれ示します．

放火及び火災

　博物館では，野外に展示されている資料を中心に，放火による被害が報告されています．また，博物館でなくても，野外にある文化財（建造物など）が放火される例も多くあります．火事による資料の劣化は著しく，最悪の場合，資料が焼失したり，人命が失われたりします．また，放火でなくても，漏電などによる出火による火災もあります．2019（令和元）年10月31日には那覇市の首里城で正殿からの火災で6棟が全焼しました．放火や火災の予防策としては，点検や見回りや燃えやすいものをなるべく外に出さないなどあり，自然災害の火災と同じく防火設備や消火訓練などの日常的な点検・訓練が必要です．

盗難

　貴重な資料を多く扱う博物館での盗難はしばしば報告されています．

また，地震や火災などの際に，どさくさに乗じて盗難（火事場泥棒）が起こることもあります．盗難の発生しやすい日・時間帯としては，雨や雪など気象条件が不良な日や，開館直後または閉館直前といわれます．盗難されやすい展示手法としては，露出展示やハンズオン展示，未施錠または簡単に外せる鍵のついた展示ケースの中の資料があります．

盗難の予防策として，展示物と収蔵室の点検や管理，監視を徹底することがあげられます．どのような資料が展示または収蔵されているかが管理されていなければ，盗難にあっても気がつかない場合があります．また，来館者が入場できる博物館の展示空間と，管理と収蔵空間の区別を明確にして，その出入りの監視や管理を厳格にすることも必要です．とくに，重要文化財などの重要な資料がある場合，収蔵室の管理については徹底すべきです．また，閉館時での出入口の扉や窓を厳重にして，侵入を避ける防犯対策も必要です．

博物館に限らず，盗まれた資料の国内への持ち込みや海外への持ち出しは，2002年に日本も批准した国際的な条約「文化財不法輸出入等禁止条約」によって禁止され，この条約に基づき国内実施法（「文化財不法輸出入等規制法」）も制定されています．「文化財不法輸出入等禁止条約」及びその国内実施法での対象として，日本では「文化財保護法」で指定された重要文化財，重要有形民俗文化財，史跡名勝天然記念物が対象となります．

盗難ではありませんが，戦争の巻き添えで博物館が被害を受けたり，戦争のどさくさに紛れて博物館での資料の略奪や破壊が起こることがあります．これに対しては，「武力紛争の際の文化財保護に関する条約」（ハーグ条約）と「武力紛争の際の文化財保護議定書」があり，日本も1954年に署名（2007年2月1日現在：116ヶ国が締結）しています．その他，露出展示に触れることで資料を破損することや，建造物や展示資料への落書きもあります．また，動物園などでは，見学者が動物に餌を与える行為が見かけられることもあり，注意喚起や見まわり，博物館における倫理的な内容も盛り込んだ見学案内の実施なども必要です．

養生・梱包・輸送

資料を別の館に輸送する際などに資料を守るために養生・梱包が行われますが，これが逆に資料にダメージを与えることがあります．養

生・梱包・輸送は，学芸員のみで行ったり，学芸員が輸送業者と協力したりして行います．これらに係る深い知識と技術を身につけることが必要ですが，それらの技術については，学芸員として採用されてから現場で経験を積んでいく必要があります．

養生・梱包の仕方について，過剰に養生・梱包しても開梱時の資料への負担が大きくなるため，むしろ養生すべき箇所（ポイント）はどこかということを，その資料の材質や形態的・構造的な弱点，保存の過程での劣化部などを的確に判断し，その判断にしたがって養生・梱包を正しく実現できるかどうかが鍵になります．

養生・梱包に使用する素材としては，薄葉紙（中性の薄く丈夫な和紙）が多く用いられます．薄葉紙を二重にして，つるつるの面を資料に接するように使用します．薄葉紙は，一方向に裂けやすい性質をもち，縦に裂いて撚り梱包用の紐（「紙紐」）をつくることができます．また，薄葉紙で真綿を包み緩衝材（「綿布団」または「綿枕」）にします．真綿は，綿100％で，適度な復元力があるため，「綿布団」や「綿枕」の中身として，資料全体を包む緩衝材となり，梱包ケース内の緩衝材としても使用できます．ただし，真綿のみで資料を包むのは，繊維が資料に引っかかる危険性があります．

養生・梱包に使用する素材として，晒木綿は綿100％で，幅が広く，長さもあるため，大型資料の固定によく使用されます．締り具合の調整が可能で，固定すると緩みにくい特性があります．同様に，気泡緩衝材（凸部に空気が封入されている）としてエアキャップシートも使用されます．これは，緩衝材としての効果が高く，防水性に優れ，凸面を資料側にして使用します．ただし，静電気が起きやすいため注意が必要です．なお，養生・梱包に使用するその他の素材として，ウレタンフォームとポリエチレンフォームがあり，前者は柔らかくて復元力が弱く，後者は硬くて復元力が強いという特徴があります．これらは，ともに吸湿性がなく熱伝導率が低いため，梱包ケース内の内装に適していて，資料や使用する場所によって選択します．

輸送時のリスクとして，荷積み時と荷下ろし時の落下などによる衝撃，輸送時の振動や急激な温湿度の変化などあります．そのリスクを下げるために，適切な養生・梱包をし，丁寧な扱いをつねに心がけ，深夜に作業しないなどの対策が必要です．輸送については，ほとんどがトラック

輸送ですが，トラックにはエアーサスペンションを装着した美術品専用トラックを使用するのが望まれます．それには，温湿度調整装置や荷台が昇降するリフト付きで，文化財の扱いに長けた作業員と運転手，他の荷物と混載せず，学芸員も同行して輸送すべきです．なお，航空機輸送については，梱包された資料はパレットに固定され，ドリー（空港内専用輸送機材）で飛行機まで移動しますが，そのドリーによる移動時の振動がかなり大きいので，航空会社による美術品専用輸送サービスを利用すべきです．

職員のミス

残念ながら，学芸員をはじめとする職員のミス（不注意や失敗など）によって，資料が破損し，劣化してしまうこともあります．また，施設・設備の管理不足による，動物園などでの動物の脱走や資料への悪影響もしばしば報告されます．また，各種資料の修復で専門家とは言い難い技術で修復されたために，完全修復が不能になった例もあり，修復には適切な依頼先をしっかりと選ぶことが必要です．

人災は人によってひき起こされるため，それをゼロにすることは実際に難しいことです．その中には，学芸員の行為が不十分だったり，判断ミスだったりしたことによる被害も発生しています．人間ですので，どうしてもこういった失敗はあり得ますが，資料を扱う責任者として学芸員による資料被害はゼロにすべく，資料に真摯に向き合い，冷静に考え対処していくことが求められます．

博物館の保険

博物館で利用する保険には，来館者の事故に対応した施設賠償責任保障保険または来館者傷害保障保険と，展示品に関する美術品保険または展示品保険などがあります．日本博物館協会（2009）の調査によれば，前者については，施設賠償責任保障保険が46.7％，来館者傷害保障保険が38.0％かかっていて，合計で84.7％なります．どちらの保険も入場者の施設内におけるケガに備える保険ですが，不幸なことが起こった時の館側の対応を迅速に，より柔軟にすることが可能となります．近年では，人々の権利意識が高まっていて，来館者に対する保険は考慮すべき要素となります．また，野外での観察会やイベントの参加者への傷害保険も

利用されています.

　後者の展示品に関する保険については，美術品保険または展示品保険などありますが，多くの場合「動産総合保険」に含まれることが多い保険の種類で，いずれの場合も契約金額には上限があり，展示物の価格やその運搬総額などが限度になります．展示物の全損の場合は時価，分損（一部分の破損）の場合は事故発生前の状態に戻すための修繕に見込まれる費用が評価の基準となります．しかし，博物館の展示物の多くはどれも代わりになるものがないため，金額で測れない価値の評価に難しい点があります．また，全損してもなくならない限り，所有権を放棄できないものも多く，全損の判断も難しい点です．なお，海外等からの美術品の借り受けを円滑化し，展覧会の主催者の保険料負担の軽減を図るために，政府が美術品の損害を補償する制度「展覧会における美術品損害の補償に関する法律」（平成23年6月1日から施行）もあります．

第 7 章

博物館の展示

——博物館の顔：展示——

図7-1　東海大学自然史博物館の2階「中生代の海」の展示室（2002年当時）
高さの低い展示ケースと高い展示ケースの組み合わせで展示が構成されています.
各展示ケースにはひとつのテーマで標本が展示され，それらは可動なので場所を移
動でき，別のテーマで展示を入れ替えることが可能です.

1 展示の意義と原理

展示の意義と種類

　展示とは，単なるものの陳列ではなく，書いて字のごとく「展じて示す」ことであり，意味と目的をもって「モノ」を選び，積極的に見せる意識をもって学習者と交流（コミュニケーション）することです．展示は，見る人に興味を持たせ，感性的な刺激（感動）を与え，観察と理論的な推論を促し，その「モノ（実物）」とそれが示す「コト（事象）」を理解してもらうことです．したがって，展示する学芸員自身がその「モノ」から受けた刺激（感動）が大きければ大きいほど，展示の質的内容は高くなります．

　展示場所による展示の種類としては，①屋内型展示，②屋外型展示（動物園や動植物園），③現地保存型展示（遺跡など）があります．

　また，展示内容による分類では，以下のものがあります．

①分類展示　分類ごとに区分した展示．

②生態展示　生態を直接または生態環境をジオラマなどで表現した展示．

③動態展示　機器などを稼動させて動く展示．

④課題展示　テーマまたは課題を設定した展示．

⑤参加型展示　来館者が参加して，主体的に動くことのできる展示．

⑥総合展示　いくつかの展示法を組み合わせた展示．

　展示期間による分類では，①常設展示と②特別（企画）展示があります．

展示の原理

　展示の原理として，①見ること，②比べること，③気づかせること，④わかりやすいこと，ということがあります．

①見ること

　「見ること」はもっとも確実な体験的で直感的な情報収集方法であ

図7-2　サーベルタイガーの展示

ただ置くだけでなく，資料に注目してもらうために，ここだけ窓の中の暗い空間にスポットに照らし出される展示にしてあります．（東海大学自然史博物館）

り，なんとなく見ることは「見えども視えず」となります．したがって，意識の流れに還元させながら「視る」という積極的な活動を促すことが重要です（図7-2）．

②比べること

　　比較はものごとの区別と関係を理解し学習するのに，もっとも確実な方法です．そのため，展示においては，資料を比較または対照できるように提示すること（図7-3）が重要です．認知心理学的には，「学習者に見ようという意欲を起こさせて，しかも欲求不満にならない程度の難しさ．」が展示には必要です．

③気づかせること

　　博物館での学習は，学校教育とは異なり学習者に教えることではなく，学習者自身が気づくことが重要です．展示によって，学習者の知的好奇心を喚起させるだけでなく，その探求の方法についても示す工夫が必要です．

④わかりやすいこと

　　展示の「わかりやすさ」は，資料そのものの性質にあるのではなく，展示（配列）の構成や組み立て（提示の仕方）にあります．したがっ

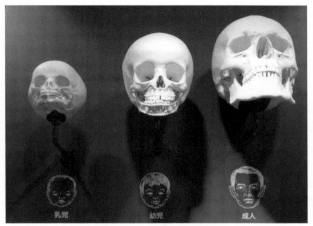

図7-3　ヒトの頭骨の展示
乳児・幼児・成人の頭骨を比較して観察するために展示されています．（群馬県立自然史博物館）

て，学習者の基礎的知識や体験から離れすぎた解説や展示手法は，学習者に何も伝えられません．学芸員は「モノ」の専門家（研究者）であり，「モノ」についての知識（情報）のすべてを展示に表現しようとするため，「見る人の立場」ではなく「示す人の立場」で展示がつくられる場合が多くあります．したがって，「見る人の立場」で展示をつくるためには，学芸員（研究者）だけでなく，エデュケーター（教育者）やデザイナーを含めて「チームアプローチによる展示開発」（マックリーン，2003）により展示を設計するべきです．

博物館の展示づくりの落とし穴

博物館の展示をつくる時に，学芸員が陥りやすい点について，石垣（2007-2008）によりいくつかの興味深い留意点の指摘がありました．以下にそれを列挙します．

①父と娘との会話：研究者（父）は体系を理解してもらおうとするが，相手（娘）が体系を知りたがっているとは限らない．

②批判に耐えるフルメタルジャケット：研究者は展示をつくる時に批判ばかりを意識する．

③研究者は見せることがサービス：展示は研究発表ではなく，見る人にメッセージを伝えるもの．知識や情報を出せばよいというものではない．

④研究者の脳の鍵をはずせ：研究者のもっている知識や情報の中に展示のための魅力的な宝物が隠れている．他のメンバーも集まりその宝を見つけよう．

⑤昔はあった？！　こんな設立委員会：博物館をつくることになってエライ人が呼ばれ，丸く収めて案ができ，博物館ができるころにはエライ人は皆いない．

⑥使命はふるい：皆でよーく考えた使命は，その館の活動の判断基準になる．

⑦展示開発は誰がやってるの：日本の博物館の展示の多くは，実際展示業者の開発チームが資料集めから展示設計，デザインまで行っている．

⑧人を集めただけでは「チーム」にならない：専門のスキルを持った人たちが客のために，メッセージ，資料，メディア，デザインの要素をからめてつくる．

展示動線と来館者の行動傾向

「動線」とは人の動きを示すもので，展示は動線を予測して設定し，計画設計されるべきです（図7-4）．それぞれの博物館では，建物や展示室の空間配置が異なり，それぞれにあった動線計画が必要です．動線には以下の基本事項があります．

①単純明快であること．

②異なる動線が交差しないこと．

③各動線の使用量を想定してこれに応じた長さと幅をもつこと．

④火災・盗難など非常事態をも想定した対応ができること．

博物館には，一般利用者の空間である公開ゾーンとそれ以外の非公開ゾーンに大別されます．公開ゾーンと非公開ゾーンの動線は交わることなく，両ゾーンの動線は，お互いに効率よい関係で設定されるべきです．本来，博物館の建物建設にあたっては，それらの動線計画があって設計されるべきですが，多くの場合建物ができた後に動線計画が立てられるため，動線の障害が発生することがあります．

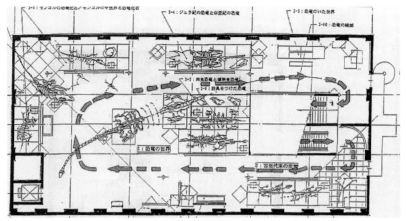

図7-4　動線計画

東海大学自然史博物館の2002年改修計画の３階展示室動線計画．この時点ではほぼ強制動線になっていますが，その後一部に自由動線を入れて修正しました．

　また，展示動線には，①完全強制動線，②強制動線，③半強制動線，④自由動線があります．

　動線計画には，博物館における来館者の来館目的や博物館に対する期待，及び行動（体験）の傾向をきちんと知ることが重要です．フォーク・ディアーキング（1996）によれば，来館者は博物館の内容や設計とは全く無関係と思えるやり方で博物館環境に対処するため，来館者の期待（アジェンダ）を操作することこそが，すばらしい博物館体験を創出することになるとして，興味深い来館者動向の特徴を数多くあげています．以下にそのうちいくつかをあげます．

①来館者は後に見る展示室より先に見る展示室の方に多くの時間を費やす．同様に入口近くの展示は奥にあるものよりたくさんの人が見る．

②博物館に入って１時間近くも経つと，足が疲れて痛くなり，頭も飽和状態となり，「博物館疲労」の状態となる．

③来館者はギャラリーに入るとすぐ右に曲がる傾向（75%がこのパターン）がある．

④博物館にあまり来ない人の見学は以下の４つの部分から成り立つ．

（１）方向定位（３〜10分），（２）展示注視（15〜45分），（３）展

示巡航（20〜45分），退出準備（3〜10分）．

⑤典型的な初来館者は観覧開始後5〜15分でラベルを全部読むことをやめる．

⑥来館者は通常最初に見た出口から出てしまう．

⑦展示設計者の努力にかかわらず，来館者は意図された順序で展示を見ていない．

⑧博物館体験では，最初に遭遇するものが印象に残りやすい．

⑨来館者がもっとも重視することのうち2つが，探しやすいトイレと清潔なトイレである．

⑩ある博物館では来館者の41%は売店でおみやげを買い，75%は飲物を飲む．

⑪人々は博物館とは物理的及び精神的な宝物を保存し展示する場所であると考えている．

また，来館者の動向と展示効果については，私の経験から以下のことがいえます．

①小さい展示から大きな展示への差が大きいほど，大きいものは大きく見える．

②展示物は「触れられそうな距離」にあることが，もっとも展示効果がある．

③強制動線においては，壁面の片側にのみ展示すべきで，左右両側に展示（両面展示）があっても来館者の多くは片側しか見ない．

④進行方向に対して左右に同じような展示室がある場合，来館者の75%は右側の展示室に入る．

⑤来館者のほとんどは自分の興味だけで展示を見て，自分の認識と知識の範囲でその内容を理解しようとする．

これらのことから，博物館の展示は博物館のメッセージをより明確に提示して，来館者にわかりやすいものでなくてはならなりません．また，ほとんどの来館者は展示を抽象的なレベルではなく，具体的なレベルで受けとめることから，展示とラベルは抽象的な考えよりも具体的な情報を先に伝えるようにすれば，より効果的です（フォーク・ディアーキング，1996）．

2 展示設計と施工

展示設計

　博物館全体または展示室全体の展示製作設計については，計画段階の計画設計と実施段階の実施設計及び施工があります．

計画設計

　計画設計にあたっては，①展示テーマの設定，②展示ストーリーと展示シナリオの作成，③展示物及び展示ケースの配置（動線計画），④全体の展示デザインと色彩設計，⑤展示ケースとステージの設計（視線計画），⑥照明の配置設計，⑦電気配線・空調など環境設計，⑧予算計画など含めて順次総合的に設計していきます．

①展示テーマの設定：何を博物館で見てもらい伝えたいかという，もっとも根本的な問題で，これが明らかになっていなければ展示の意味がありません．展示テーマは，観覧者に伝えるべき博物館側の思想的ドメイン（目的や範囲）であり，個々の展示内容やストーリーの基礎にあるものです．

②展示ストーリーと展示シナリオの作成：テーマにしたがって，展示ストーリーと展示シナリオを作成します（表7-1）．どのような展示物をどのような順に，誰に対してどのような展示手法で展開するかを決定しますが，できればチームアプローチによる展示開発で検討します．

③展示物及び展示ケースの配置（動線計画）：展示空間や部屋の配置にしたがい，動線計画と展示物及び展示ケースの配置を設計します．この場合，建築基準法及び消防法に抵触しないよう配慮します．

④全体の展示デザインと色彩設計：展示の全体としてのデザインと色彩をとりあえず決定し，展示物の配置なども含めた各展示室のパース画（立体的なデザイン画）（図7-5）を作成します．これによって，展示空間の全体的なイメージが得られます．

⑤展示ケースとステージの設計（視線計画）：視線計画にのっとり具

表7-1　展示シナリオ

東海大学自然史博物館の2002年移設・リニューアル計画の展示シナリオの一部.
実施に当たっては、展示ケースや展示ステージ、解説パネルなどのサイズや金額が具体的に記されます.

新たな自然史博物館のテーマ：生物の起源と地球環境

大テーマ・中テーマ	アイデア	形状	展示物候補	展示形態	展示方法
0 自然史博物館に入ってみよう	自然史博物館とはどんなところか。観覧者へ興味を引きつけるか。導入するか。				
0-1 恐竜に会おう	恐竜は今かつて地上にすんでいた生き物。	タルボサウルス／ツァガンテギア	全身骨格	野外展示	その生いたちを学ぶことができます。
0-2 恐竜の発見	恐竜化石の発見、それらは過去の生き物ですが、それらは地層から発見される。	トリケラトプスの頭骨の発見	レプリカを全身に復原する	屋外展示／屋内から見える展示	パネル解説
1 生命の誕生と地球環境の変遷					
1-1 生命の誕生					
1-2					
2-1					
2-2 哺乳類時代					
3 恐竜の世界					
3-1					

体的な展示ケースや展示ステージの設計を行い，展示物や解説パネルの内容と配置などを設計します.

⑥照明計画：展示物の配置に伴い照明の種類と配置を設計します.

⑦電気配線・空調など環境設計：照明や展示ケースの配置が決定する

128

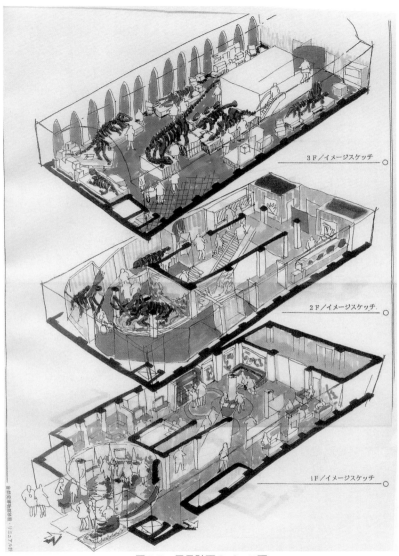

3F／イメージスケッチ

2F／イメージスケッチ

1F／イメージスケッチ

図7-5　展示計画のパース画
東海大学自然史博物館の2002年移設リニューアル計画の展示室全体のパース画.

ことにより，電気配線や空調器配置などを決定します．電気容量，電気コンセントや照明用ダクトなどの基本設備については，清掃や展示変更・追加など考慮して，多めにまたは将来追加できるように設置計画を行います．既存の建物や展示室を利用する場合，これらの設備配置がすでに決まっているので，それに合わせて展示設計を行います．

⑧予算計画：計画設計にしたがって，展示を制作するための見積もり金額を計算し，予算とつき合わせて設計変更など行います．

実施設計・施工

計画設計にしたがい，③以下のより具体的な実施のための展示シナリオと具体的な展示設計を行い，全体と各エリアの展示及び電気配線などの詳細な設計図がつくられます．同時に個々の展示パネルやラベル，作成する展示物のデザインとその設計を行い，それぞれの見積り金額から全体の経費が算出されます．床や壁の色彩などについては，その色見本だけでなく，実際の素材の大きめのサンプルで選択します．また，各展示のタイトルと解説コピーなどの文章，イラストや写真なども作成して決定します．施工期間や完成日時も決定し，施工に係る問題や，広報・人員配置など展示以外の展示開始に関連する事項についても検討が行われます．

実施設計にしたがって，展示物の製作と，その設置及び施工が行われます．実際に施工や展示製作にかかると，計画や設計と異なることも発生し，そのつど調整や設計変更が生じることがあります．展示の各施工段階と，とくに最終段階では，これと同時に展示パネルの作成や校正，展示資料の配置など学芸員自らが行わなくてはならないことも多くありますが，施工管理の仕事についても十分に配慮して進めなくてはなりません．

視線計画

動線とその動線上を歩く人の視線と展示物の大きさ，高さなどに関する見せ方の計画を立てます．

①視線高：展示資料は，一般にその高さの中心を成人の眼高（視線高）平均にあたる約150cmを基準に設置しますが，幼児や児童，車椅子利用の生涯者を対象とした博物館ではもっと低い位置に眼高平均が設

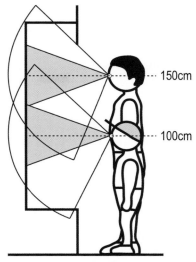

図7-6　視線高と展示物の位置

　定されます．人の視野は上方に50°，下方に70°，左右に110°の広がり
をもちますが，視覚的情報を正確に受け止められるのは，視野の中心
から25〜30°の円錐体内（図7-6）といわれます（倉田・矢島，1997）．
また，生理的には視線高はやや下目の方が疲労は少なく，心理的にも
親しみやすい空間とされます．展示に親しむように仕向けるためには，
平均眼高よりもやや下に視野高を設定し，反対に仰ぎ見る空間は崇高
なもの，憧れるものが位置する空間をつくり出します．子どもの視線
を体験するには，大人では床に膝をついて視線高（約100cm）を確認
します．
②展示物との距離：視野と展示物の大きさの関係から，展示物との距離
　は一般に展示物の長辺の1.5〜2倍が目安とされます．ひとつの展示
　物を注視する時に他の展示物はノイズとなり，展示の展開やリズムを
　検討する時に，快適に展示を見ることができるよう配慮した視線計画
　が必要です．

色彩計画

　色には，3つの属性があり，それらは①色相，②明度，③彩度になり

ます．これらの特性をよく理解して活用することで，色をさまざまに扱うことができます．展示では，1ヶ所の色を決定することで，その展示室のほぼすべての色合いが決まってきます．色彩計画では，どれが正解ということはありませんが，展示室の空間の広さや特徴，展示物の特性，展示テーマや意味なども考慮して色彩を決定すべきです．

①色相

色相（hue）とは，赤・黄・緑・青のように，色を特徴づける色みのことで，色みは光の波長の違いによって変化します．光は電磁波の一種で，人が感知できる範囲の波長の光を可視光といい，この可視光に含まれる波長の長さの違いによって，赤，青などのように色を特徴づける色みを感知することができます．波長が長い光から赤，橙，黄，緑，青，紫と連続的な変化として知覚され，これを色相環として表すことができます．色相環の表色系には，マンセル表色系，オストワルト表色系，PCCS（日本色研配色体系）がありますが，ここでは8つの基本色相をそれぞれ3分割して24色相からなるオストワルト表色系を示します（図7-7）．

色の見え方は，隣り合う色によって異なって知覚され，色相の異なる色を並べると色相の感じ方が変化し，これを色相対比といい，隣り合う色を類似色といいます．類似色を組み合わせると，統一感やまとまりがある印象になります．また，色相対比の2つの図（図7-8）は，内側の色相は左右同じですが，外側に隣接する色相の違いによって，内側の色相の印象が異なって感じられます．なお，色は，色相や，明度，彩度が周囲に置かれる色の色相や明度，彩度によって変化して感じられることを，色相対比，明度対比，彩度対比とそれぞれいいます．

色相環図で向かい合う色は補色といい，補色はお互いの色を引き立てあう効果があり，コントラストが強くなります．この組み合わせは，例えばセブンイレブン（緑と赤）やIKEA（黄と青）のロゴなどで用いられています．なお，色相環で反対側に位置する複数色のことを補色も含めて対象色といいます．

色相環で連続する類似色の3色を組み合わせる配色方法を類似色相配色といい，違和感のない親しみやすい感じの表現ができます．また，色相環で起点となる色と，その補色の両隣に位置する色を用いた配色方法を分裂補色配色といい，これは新鮮さがありながらまとまり感のある印

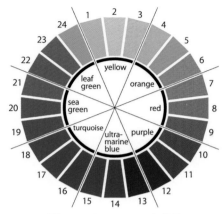

図7-7　オストワルト色相環

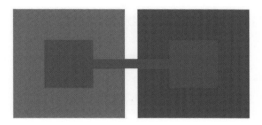

図7-8　色相対比

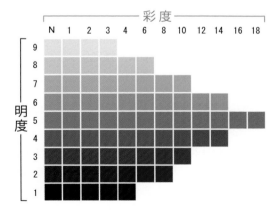

図7-9　マンセル表色系・等色相カラーチャート（色相：5R）

象になります．また，色相環上で正三角形を描いた時に各頂点に位置する色を用いる配色方法の3色配色は，インパクトがありつつ調和が取れた印象になります．さらに，色相環上で正方形を描いた時に各頂点に位置する色を用いる4色配色では，補色関係にある色が複数用いられていることから賑やかな印象になります．

　また，暖色は「暖かいイメージ」を受ける色の総称で，赤やオレンジ，黄色等が含まれ，暖色で彩度を高めたものを興奮色と呼びます．反対に寒色は「寒々しいイメージ」を受ける色の総称で，色相環上では暖色の対極に位置し，青や緑，紫等が含まれます．寒色で彩度を下げたものを鎮静色と呼び，心理的な落ち着きを促す効果があります．

　色相環で1色だけを選択して明度と彩度を変える配色方法を同一色相配色と呼び，この配色を用いると全体的にまとまりがある印象になります．なお，明度と彩度の関係による色の調子のことをトーンといい，トーンにはさまざまな種類があり，用いるトーンによって印象に大きく影響します．

②明度

　明度（value, lightness）とは，ある色の明るさの度合いをいい，光の反射率に関係します．例えば，黄は光の反射率が高いため明度が高く，青や紫は光の反射率が低いため明度が低くなります．無彩色は明度だけをもち，反射率の高い白は明度が高く，黒は明度が低くなります．色彩表示法によって値は異なりますが，色はその明暗と彩度にしたがって値をつけ配列することができます．マンセル表色系では明度を完全な黒（光をまったく反射しない色）を0に，完全な白（光をすべて反射する色）を10としています．また，彩度は，無彩色は0，有彩色は色相によって彩度の最高値が異なります（図7-9）．

③彩度

　彩度（chroma, saturation）とは，色みの強さや，あざやかさの度合いをいい，色みが明瞭な色は彩度が高く，くすんだ色は彩度が低くなります．同じ色相・明度であっても，彩度が高ければより鮮明に見えます．彩度と色相をもたない，白・灰・黒は無彩色といい，わずかでも彩度をもった色は有彩色といいます．有彩色の中でもっとも彩度が高い太陽光のスペクトルの色は，純色と呼ばれ，純色は純度によってその度合いを表します．

照明計画

　照明計画は，展示設計において視線計画や色彩計画の次に行うべきもので，重要です．照明計画なくして具体的な展示設計はできません．照明計画には，展示場全体の照明や各展示スペース，各展示ケース，各展示について，展示物に合わせて光源の種類や質と量，展示物や展示ケースと光源の位置関係など詳細に検討して，その展示物が見やすく，その特徴がわかりやすく，展示で何を知ってほしいのかを考慮した照明計画を立てなくてはなければなりません．

照明の種類

　光や照明についての原理や資料の劣化については，第 6 章の「博物館資料の収蔵と保管」の「1) 光」の項（83〜88ページ）で述べましたので，そちらを参考にしてください．

①自然光：照度が平均して正しい色を再現できますが，天候や時間によって照度が変化し，展示全体の照明をコントロールできません．また，自然光は紫外線量が大きく，それにより展示物の変退色を引き起こします．同じ照度（放射照度）での変退色の傾向を示す損傷指数は，天頂青空光による損傷影響度を100％とした場合，曇天空光は31.7％，白熱灯は2.8％，白色蛍光灯は11.2％（Harrison, 1954）で，晴れた時の自然光の損傷影響度がいかに大きいかがわかります．

②白熱灯（電球）：レフ灯やビーム灯，色のついたビーム灯，輻射熱を抑えたクールビーム灯もありました．点照明で暖色の消失はなく，消費電力が大きく，使用時間は短く，輻射熱（赤外線）が大きいという特徴があります．現在 LED 照明の普及によって，白熱灯の多くが製造停止になっていて，あまり使用されていません．

③ハロゲン灯：点照明で，白熱灯と同じくフィラメントに通電して発光させますが，その温度が高くより明るく寿命も長いというという特徴があります．また，フィラメントの温度が高いことから白熱灯では光が赤みを帯びているのに対し，ハロゲン灯では白くなります．ランプは高熱になるため，熱を後方に放出して可視光線のみを反射するダイクロイックミラー照明器具（図7-10）などがあります．ハロゲン灯は高温になるため，電球交換時にはよく冷ましてから，軍手などを使って火傷しないように注意して取り外してください．

図7-10　ダイクロイックミラー・ハロゲン照明

④蛍光灯：蛍光灯には点灯管式とラピッド式があり，細い太さのスリム
　管，色には白色・昼白色・温白色などあり，蛍光体を発光させるブラ
　ックライトもあります（図7-11）．蛍光灯は線照明で照度が平均して
　いて，消費電力が少なく使用時間は長いという特徴があり，赤のエネ
　ルギーが弱く青っぽく見えます．これまでの蛍光灯は白熱灯に比べて
　紫外線量が大きく変退色を引き起こしやすかったですが，現在一般に
　使用されている3波長形蛍光灯では損傷係数値が約0.014と白熱灯程
　度またはそれ以下になっています．また，美術館・博物館照明用蛍光
　灯（電球色のものは損傷係数値が0.006で昼白色のものは約0.013）で
　あり，損傷が危惧される展示ではこれらの電球色の美術館・博物館照
　明用蛍光灯を用いるべき（渕田，2009）とされています．蛍光灯は輻
　射熱が極めて少ないですが，付随する安定器から発熱する場合があり
　ます．
⑤グラスファイバーによる照明：グラスファイバーによる小規模なスポ
　ットライトは，光源をケースの外に置くことができ，発光する場所で
　の発熱を避けられます（瓜生，2009）．また，展示物だけに照明を当
　てられ，奥まった部分にもグラスファイバーを伸ばすことで対応でき
　ます．
⑥LED照明：LED照明は第3の新光源として急速な技術進歩とともに

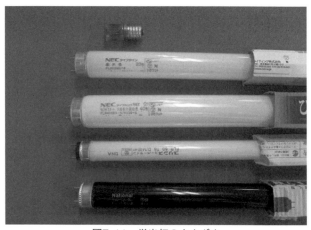

図7-11　蛍光灯のさまざま
上から点灯管式（FL），ラピッド式（FLR），スリム管，ブラック
ライト.

普及しています．現在，電球タイプからダウンライトのような部分
照明，室内全般を使用する領域にも利用されています．LED照明は，
省エネルギー，長寿命，小型・軽量，点光源，多様な光色，高速な点
滅性能，個体発光のため割れない，赤外線及び紫外線の放射が極めて
少ないなど，従来の光源とは異なる特徴をもち，これらの特徴を活か
すことで美術館・博物館照明も含めて，多様な応用分野での発展が期
待されます（渕田，2009）.

明るさ（照度）と色温度

　オフィスや学校などの室内照度は1,000 lx（ルックス）前後が求めら
れますが，博物館ではモノの光による劣化を防ぐことから，耐光性が中
程度の油彩画や角・骨などは200 lx 以下，染色資料や水彩画などでは50
lx 以下という照度基準があります（照明学会，2021；表6-1参照，87ペ
ージ）．光はその光量が十分でも色の質が良くなければ芸術作品など正
しい色や質感を見せることができません．とくに一般の蛍光灯は演色性
（正しい色の再現性）が悪いので，演色性の良いものを用いて平均演色
評価数（Ra）を自然光（Ra 100）に近づけるようにします．なお，3波
長形蛍光灯は色差の不規則なずれが生じることがあり，美術館・博物館

図7-12　天井のライティングレールにつけられたスポット式照明

用のように正確な色再現性を必要とする照明としては適当ではありません（渕田，2009）．

　照度と色温度の関係により，快適に感じる照明が与えられ，光源の色温度が2,700〜4,000K（ケルビン）の光が適切とされています．なお，展示ケースのガラス自身の色や厚さによって，可視光線の透過率が異なり，一般の板ガラスでは透過率が83％で，厚くなると純度が悪くなり青みがかった色に見えてきます．博物館・美術館用には，この問題を解決した特殊ガラスが市販されていて，低反射ガラスや紫外線防止ガラスもあります．また，解説パネルやジオラマなどの展示では，ガラス面での写りこみ（反射）を避けるために，ガラス面に傾斜をつけることもあります．

展示室の照明方法

①展示壁面の照明：一般に，天井や壁面上部に埋め込んだ照明によるウォールウォッシャー方式と，天井のライティングレール（照明ダクト）に着脱できるスポット式点照明方式（図7-12）が用いられます．

②展示ケース内の照明：展示ケース内では，展示台や展示壁面が均質な照度分布になるようにします．資料に合わせて照明に調光器で照度を調整することもできます．

③展示室内の照明：展示室内は，一般的に展示ケースの照度の50％以下
で，メモをとれる程度の明るさ（50〜70 lx）にします．一般にはダウ
ンライト型の照明灯を用いて照明をして，それが展示ケースのガラス
面にライトが写りこまないように注意します．

④展示物と背景との輝度と照度：展示物の背景は反射率の小さい材質を
選び，背景の輝度を展示物の半分くらいにすると見やすくなります．
視野に入るものの照度は，展示物に対して背景は1/5，室全体は1/10
程度にすると目が疲れません．

博物館の光量と鑑賞性の確保

博物館ではできるだけ資料の損傷を避けるために，展示の際に光の照
度と時間の積（積算照度時間量）を少なくするようにします．しかし，
その反面展示室が暗くなり演色性や色温度が低下すると，鑑賞性が損な
われ資料を展示している意味がありません．そのため，博物館では鑑賞
性を確保のためにいくつかの方法を行っています．

①目の錯覚を利用した対策

資料にあてる光より，展示室の照明を暗くすることで，相対的に資料
を明るく見せたり，資料の背景（展示室の壁）を暗い色にすることで，
相対的に輝度を高め，資料を明るく見せたりしています．

②目の慣れを利用した対策

明るい場所から暗い場所に急に入ると，誰でも何も見えなくなります
が，その暗さに徐々に目が慣れてくると完全な暗闇以外の場所なら，暗
いながらも少し物が見えるようになります．これを「暗順応」と呼び，
反対の場合の順応は「明順応」といいます．博物館では，この暗順応を
利用し，博物館の入口から展示室に向かうまで，さらに展示室の入口か
ら実際に資料が展示されている場所に向かうまで，徐々に照度を下げて
いき，展示資料を見る際に展示物がよく見えるようにしています．

温湿度条件

来館者と展示資料にとって快適な温湿度条件が必要ですが，来館者に
とっての快適な温湿度が必ずしも展示資料の保存に適したものとはいえ
ません．また，資料はそれぞれの材質などによってその温湿度の条件が
異なります．さらに，開館中だけ冷暖房などにより温湿度が調整されて
いても，閉館後に急激な温湿度の変化があれば展示資料にとっては劣化

の大きな原因となります.

　設備の整った美術館などでは展示室の空調とは別系統の空調をもつ展示ケースを用意することで，この問題を解決しているところもあります. ただし，この場合でも室内とケース内の温湿度の差が大きいと空気の噴出口付近のガラス面に結露が生じます. また，完全密封の可動ケースでは，調湿剤でケース内の湿度を調整することができますが，温度まではできません.

展示技術

　展示物の作成や展示パネルの製作及びそれらの設置とそのメンテナンスは，学芸員の基本的な仕事です. 小規模な展示会や簡単な展示は，学芸員自身で行うことがあり，大規模な展示会でも展示業者にすべてを任すわけにはいきません. また，展示物の破損や，展示機械や展示具の故障や損傷があった場合，それらを補修や故障の原因究明，修理などを行わなくてはなりません.

　そのため学芸員は，木工，アクリル加工，経師（壁紙などを貼る職人のこと），接着，展示パネルの製作，設置方法，照明，電気などの基礎的な知識と，材料や道具についての知識とそれらを使いこなすテクニックをもつ必要があります. 図7-13では各種テープとドライバーやカッターなど，接着剤を紹介します. ここではそれらそれぞれの説明は省きますが，日常生活でもよく使うものなのでその用途と使用方法を理解しておいてください. これらの知識と技術は，大規模な展示設計や施工でも役立ちます.

ハレパネによるパネル製作

　解説パネルやキャプション，案内サインなどの製作は，学芸員として必修の業務でもあります. 来館者に見やすく，わかりやすくきれいなパネルを作成することは重要です. 以下，ハレパネ（糊つきスチレンボード）でつくる解説パネルの手順を説明します.

①解説パネルのための文章と画像を作成します. 解説パネルにはタイトルと解説文章と写真やイラストなどの画像が必要です. タイトルは短く，その内容を的確に表し，解説の文章は200字または100字以内に短くわかりやすくまとめ，必要であれば読みにくい漢字にルビをつけます.

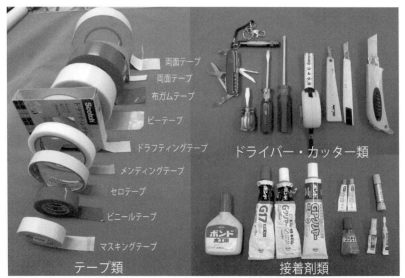

図7-13　展示に関わる学芸員の道具
各種テープとドライバー・カッターなど，接着剤のいろいろ.

②原稿などアイテムができたら，Illustrator や Photoshop（ワードやパ
　ワーポイントでも可）の画像ソフトなどでパネル原稿をつくります.
　色彩やレイアウトを考えて，他のパネルとの統一や調和を図ります.
③パネルの印刷には，顔料インクのプリンターで出力します.　一方，ハ
　レパネは解説パネルの紙のサイズより縦横が各1〜2cmほど大きめ
　に切り出して用意します.
④解説パネルの紙をハレパネ上紙の上に，はみ出ないようにのせ，ハレ
　パネの短辺の片方の端の上紙を幅2〜3cm程度めくり，上にのせた
　解説パネルの紙のその部分を慎重に中央を押さえて左右に広げて接着
　します（図7-14）.
⑤最初に接着したところから上へ，紙とハレパネの間に空気が入らない
　ように，ゆっくりと中央をから横へ軽く押さえて広げて，同時にハレ
　パネの上紙を少しずつ引き抜きながら同じ作業を繰り返していきます.
⑥解説パネルの紙がハレパネに最後まで接着できたら，全体を軽く押さ
　えて空気が入っていないことを確認して，パネルの大きさにハレパネ
　を切ります.　この時，パネルのサイズに定規をあてて，その外側をカ

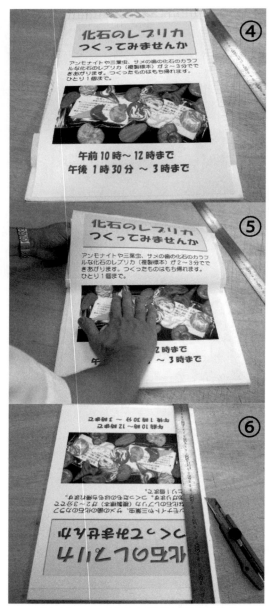

図7-14　ハレパネによる展示パネルの作成
④, ⑤, ⑥は本文の各作業に当たる.

142

図7-15　パネルの配置
自然博推進協で開催した寺田貝類展示会での解説パネルと展示物
で，解説パネルを等間隔に水平をあわせて展示しています．

ッターで切り取ります．カッターで切る時は，一度で切り取ろうとせ
ず，鉛筆で線を引くように定規に沿ってカッターで軽く切り口を入れ
て，その後数回かかけて定規に沿ってカッターで切ります．切り取っ
た断面が，内側に食い込まないように，カッターの刃はまっすぐ垂直
に入れます．

パネルの設置

①視線計画にしたがって，パネルの設置高さと位置を決めます．

②高さを統一するために壁に水平に糸を張り，パネルの高さをそろえま
す．

③パネルの間隔や位置はメジャーで測定してそろえます（図7-15）．

④パネルを壁面に固定します．

　パネルの固定には，普通，釘やL字金具などを用いますが，ハレパ
ネの場合は軽量なので裏面に画鋲とガムテープをつけて壁に押し当てて
固定する方法（裏画鋲法）があります（図7-16）．この方法は位置決め
や固定が楽ですが，ガムテープの接着力は１〜２年程度なので長期の展
示には適しません．また，この方法では，パネルをはずした後に画鋲の
穴が壁に残りますが，その穴は小さいのでパテなどで埋めて処理できま
す．展示では直接両面テープでパネルを壁に貼る方法は用いません．両

図7-16　裏画鋲法

解説パネルの裏面に3〜4ヶ所に画鋲の針を上にして置き，それをガムテープでとめて，壁の展示位置に，表からパネルを壁に押し当てて固定します．

面テープは，剥す時に壁面の塗装や壁紙がいっしょに剥れる場合があるからです．パネルを吊るして展示する場合，展示具としてワイヤーフックやテグスなどを用います．

3 参加型展示と動態展示

参加型展示

　「モノ」をより理解するために，見る展示だけでなく，体を動かし何かを行い観覧者自身が考える展示を参加型展示といいます．ただ，ボタンを押してビデオや解説が流れるというものではなく，何かをすることにより，展示物との双方向のコミュニケーションやアクションによってものの特徴や原理を理解する展示になります．参加型展示にはいろいろなものがありますが，その中でハンズオン展示とディスカバリールームを紹介します．

ハンズオン展示

　　参加型展示のひとつで，Hands-on（手を置く，手を触れる）というところから，体験学習的な，参加体験，実用的体験，インタラクティブ体験，実習，実験，体感など，体を使うことによる展示を指す展示です．本などで学ぶだけでなく実際に行った方が，学習効果が上がるという考えに基づいています．博物館では普通触れられない模型や芸術作品などの展示物に，エデュケーターなどの指導のもとに，実際に手を触れることで探究心を刺激し，理解力を深め，楽しむことで学習内容の定着度を上げる効果が期待されます．博物館などの移動可能なワゴン展示や水族館のタッチプール（図7-17）などがそれにあたります．

ディスカバリールーム

　　ディスカバリールームは，子どもたちや家族で自ら，体験しながら学習して，発見する喜びを楽しむための空間として，いろいろな展示物や仕組みを用意した部屋になります（図7-18）．

動態展示及び映像メディア型展示

　動態展示及び映像メディアを用いた展示は，無人で参加型または体験的な展示を実現できます．最近ではコンピュータやそのプログラムソフ

図7-17　タッチプール
東海大学海洋科学博物館の「クマノミキッズ」.

図7-18　ディスカバリールーム
（東海大学自然史博物館）

トと，映像メディアのハードとソフトの発達によって，さまざまなものが開発されています．これらを活用して観覧者に展示物とその内容についてより理解してもらうことは，展示の工夫として必要であり，それらのソフトの一部（コンテンツ）については，できれば博物館独自で収集・開発すべきであると考えます．

　しかし，その導入にはハード（機械，展示設備，環境）及びソフト（画像，内容，プログラム）を外注または購入，レンタルするのに大きな費用がかかる場合があります．さらに，メンテナンス管理費も発生します．また，ハードの寿命が実質5～10年程度で，ソフトも5年程度で陳腐化して，更新が必要となります．したがって，一度そのような展示を導入して設置すると，ハードとソフトの更新が5～10年ごとに発生し，そのような展示を継続する限り，そのつど大きな費用がかかることになります．また，このような映像メディアのハードとソフトの進歩と発達は急速であり，ハードも含めて5～10年のスパンで博物館の展示を更新して，それに追従しなければなりません．

　これらの展示については，博物館の活動目的における費用対効果の問題ですが，それを行うことが最良かどうかを十分に考慮する必要があります．同じ費用をハードやそれで使用するソフト開発にかけるか，博物館のコンテンツを学術的または教育的に充実させる資料や人材，または機能（ソフト）にかけるかは，博物館の目的及び使命が何かという問題でもあります．

ユニバーサルデザイン

　ユニバーサルデザイン（Universal Design, UD と略記することもあります）とは，文化・言語・国籍の違い，老若男女といった差異，障害・能力の如何を問わずに利用することができる施設・製品・情報の設計（デザイン）をいいます．さまざまな人たちが多く訪れる博物館では，建物や展示室，展示や解説などに，「できるだけ多くの人が利用可能であるようなデザインにすること．」が基本コンセプトであるユニバーサルデザインが要求されます．

　具体的には，段差のない床やエレベーターなどの設備，安全で快適な館内環境（空調・トイレ，授乳室，休憩室），迷わない動線，わかりやすい解説，漢字のルビ，他の国の人たちにも対応した解説やサイン，障害者でも理解できる展示の配慮などがあげられますが，それ以外にもさまざまな配慮が必要と思われます．

ミドルヤード

　博物館の裏側は「バックヤード」といって，展示のメンテナンスや展示準備室，学芸員の研究室，資料の収蔵室，事務室や裏口などがあり，ふつう一般の来館者が立ち入れる場所ではありません．裏側が「バックヤード」であれば，博物館の表側にあたる来館者の見学する展示室は「フロントヤード」にあたります．私は，学芸員になったころから，博物館の活動を一般のみなさんにより理解していただくためには，「バックヤードが見える博物館」を目指すべきと考えていました．

　すなわち，博物館に来られる来館者が，フロントヤードの展示を見るだけでは，博物館は単なる展示場としか理解されないからです．そこで，博物館が単なる展示場ではないということを博物館に来られた人たちに理解していただくためには，学芸員がいて，資料を収集し，整理し，保管して，研究して，そして展示がつくられているという，博物館全体の活動や機能を実際に見ていただければと思っていました．

　そのために，私は東海大学自然史博物館で，1983（昭和57）年に地球館の展示をしたときに，展示室側に向けてガラス窓のある研究室（図7-22）を設けて，そこで私が展示の一部となって展示準備や研究などを行いました．また，東海大学海洋科学博物館には，見学通路の一部で，

図7-19　ミドルヤードの昆虫展示室
（ふじのくに地球環境史ミュージアム）
昆虫標本の作成と整理をこの部屋で行っていて，興味をもっても
らうために来館者との対面や声がけを行っています．

水槽の裏側の飼育室がガラス越しに見えるようになっていて，また濾過
槽や循環ポンプ室も解説つきでのぞけるところがあります．これらの東
海大学海洋科学博物館での工夫は，水族館の裏側を見せることが水族館
の仕組みを理解していただくことにつながると，当初から考えられてい
たためだと思います．

　ふじのくに地球環境史ミュージアム（ふじミュー）では，バックヤー
ドが見学ルートにはなっていませんが，フロントヤードのバックヤー
ド側にミドルヤードという展示室が設置されています（図4-13）．ここ
には，昆虫と植物，地質化石の3つの展示室があり，各室でその専門の
資料や標本の作成と展示を行っています（図7-19）．地質化石の展示室
には狭いですが化石のクリーニングルームもあります（図7-20）．資料
や標本の作成については，本来収蔵室や研究室で行うものですが，ミ
ドルヤードは一般の方が観覧する展示室でその一部の作業を行う，戦国時
代の城の馬出のような出張所的な役割の展示室です．ミドルヤードでの
実際の標本作成は，ミュージアムでの標本整理と登録業務の一部を行う
NPO自然博ネットのメンバーや各研究会のメンバーがボランティアで
行っています．そのため，つねにミドルヤードで作業をしているわけで

図7-20　ミドルヤードの地質化石展示室
（ふじのくに地球環境史ミュージアム）
化石クリーニングルームでの作業中の様子を見ることができ，質
問なども受けられます．

はないのですが，作業をしている時には来館者に声をかけたり，来館者
の質問に答えたりして，標本の意義や作り方についてコミュニケーショ
ンをとっています．
　また，ミドルヤードは植物や昆虫，地質化石の各研究会のみなさんが
集まり，学習の場・研修の場としても利用されています．そして，その
展示室の展示の一部もそこに集まる人たちが製作しています．そのよう
な人たちは，昆虫展示室では静岡昆虫同好会，植物展示室は静岡植物研
究会のメンバーで，地質化石の展示室はNPO自然博ネットのメンバー
とミュージアムに集まる興味をもったご家族です．このようなミドルヤ
ードでの活動は，博物館が展示をただ見るところではなく，博物館の活
動を理解し，研究や博物館活動に参加する場であるということを示すも
のになっています．

東海大学自然史博物館の展示の変遷
──ガレージミュージアムから博物館へ──

　ここでは，私が勤めていた東海大学自然史博物館の展示の変遷について，柴（2004）を参考に，それ以降についても追加して示します．

恐竜館（自然史博物館）の開館

　東海大学自然史博物館は，1981年10月27日に恐竜化石骨格の展示を主体とした「恐竜館（自然史博物館）」として開館しました（図7-21）．この博物館の資料のもととなったものは，1973年に東海大学と読売新聞社が共催して開催された「大恐竜展」で展示された，ソビエト（ロシア）科学アカデミーが所蔵する恐竜化石標本でした．この展示会は，静岡市の三保と東京上野の国立科学博物館で開催され，その時にロシアから実物の恐竜化石を含む多くの標本が展示され，その際に日本でそれら化石のレプリカが作成され，その一部が東海大学に残されました．

　東海大学では，そのレプリカを所有していたことと，展示会を開催した展示館の建物がそのまま残っていたことから，すでに隣接してあった海洋科学博物館や人体科学博物館とともに，当時の「東海大学社会教育センター」の博物館群のひとつとして，「恐竜館（自然史博物館）」として開館しました．「自然史博物館」が括弧づきであった理由は，開館準備にあたった当時の淵　秀隆館長をはじめ東海大学海洋学部の教員のみなさんが，恐竜だけでなくこの博物館が将

図7-21　1981年10月に開館した東海大学自然史博物館
（1983年5月）

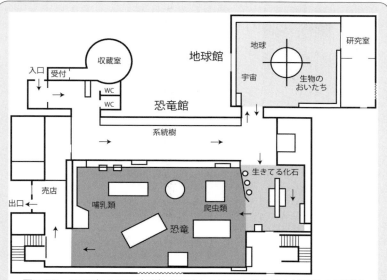

図7-22　1983年5月に地球館を併設した東海大学自然史博物館の平面図

来自然史全般にわたるテーマを扱うような博物館になることを期待していたからだと思います.

　1982年4月から自然史博物館には,専門学芸員として私が1名雇用され,展示の充実のための活動を開始しました.「恐竜館(自然史博物館)」は,1983年5月1日に隣接する未使用の展示館を「地球館」として整備し,その名称を「東海大学自然史博物館(恐竜館・地球館)」と変えました(図7-22).この地球館の展示は,まだ博物館に勤めて間がなかった私が設計して施工しましたが,展示の仕方でいくつかの失敗をしました.まず,壁側に展示台をつくったものの,観覧者との距離が近接しすぎて展示物に触れられること,観覧者の背中側上部に照明があるため観覧者の影で展示物に照明が当たらないなどの問題があり,施工時に設計を変更してアクリルの前面ガラスと展示物を上から照らす照明を設置して壁面を展示ケースのようにしました.しかし,壁の展示ケースの裏側に入口がなくメンテナンスができないことや,清掃などのための電源コンセントが展示室の壁にないなど,日常のメンテナンスに大きな支障をきたす展示になりました.

　1986年に貝類の専門家で海洋学部水産学科の波部忠重教授が自然史博物館の館長に就任されました.波部館長は,化石だけでなく現生軟体動物の収集と展示に力を注ぎ,1987年1月には約800種を展示した「貝の世界」展示室を新設しました.この展示で,私は地球館の失敗を生かして,「1ボックス1テーマ」,

図7-23　1987年に設置した「貝の世界」展示室
1ボックス1テーマの展示ケースで展示を構成しました.

すなわち1つの可動式で裏側にメンテナンス扉のある展示ケースに1つのテーマの展示をする方法（図7-1，図7-23）で，全体を構成した展示室をつくりました．この方式で使用した展示ケースは，可動式なので，他テーマの展示でも使用できるため，毎年数個ずつ買いそろえることで，数年後には別の大きな展示テーマで再構成して，新たな展示を展開することもできるようになりました.

　東海大学自然史博物館は，現在，海洋科学博物館とともに「東海大学海洋学部博物館」として，学芸面では同じ博物館の学芸員が両館を兼務しながら活動しています．一般の多くの自然史博物館では，資料や研究は植物・動物・地学の分野をカバーしているのに対して，東海大学自然史博物館では恐竜など古生物や地学，海洋生物関連の分野が中心でした．そして，それらの資料や研究のおもなテーマは，恐竜など古生物の進化と絶滅と，地元である駿河湾周辺地域の地質や海洋生物に関するものでした．とくに，後者のテーマについては海洋学部の教員との共同研究や卒業研究として博物館で学生を受入れて，毎年継続的に実施しました.

1993年の大改修

　1988年以降，「東海大学自然史博物館（恐竜館・地球館）」では，1988年には「恐竜の足跡」，1989年には「ステゴサウルスの全身骨格」，1990年には「アパトサウルスの大腿骨」，1991年には「トリラトプスの頭骨」と「アロサウルスの頭骨」など，1992年には「イグアノドンの頭骨」，1993年には「ディプロドクスの全身骨格」と，当初からある恐竜骨格を核に，おもに大型恐竜標本を

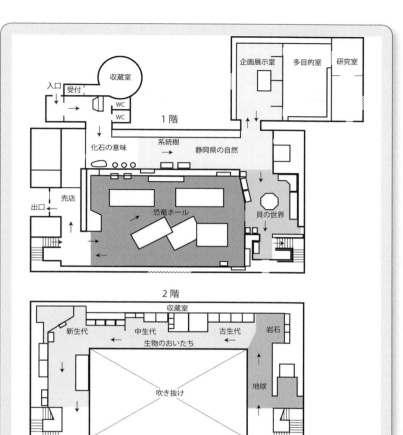

図7-24　1993年の大改修後の東海大学自然史博物館の平面図

設置することで充実を図っていきました．そして，1993年1月にはそれまで使用していなかった恐竜館2階も含め，全体を再構成した大改修を行い，名称も「東海大学自然史博物館」となりました（図7-24，図7-25）．

　この改修によって，自然史博物館は展示場だけでなく，簡易的でしたが収蔵及び教育，研究スペースをある程度整えた博物館となりました．

　その後，1995年には「トリケラトプスの全身骨格」，1999年には「ユーオプロケファルスの全身骨格」を展示し，ここに至り当初から展示していた「タルボサウルス」，「サウロロフス」，「プロバクトロサウルス」，「プロトケラトプス」と合わせ，恐竜の大きなグループの代表的な種類が恐竜ホールにすべて勢ぞろいしました．

図7-25　1993年の東海大学自然史博物館の恐竜ホール

　新しく建設される博物館では，一般に展示は開館時に専門の展示業者が中心になり，配置やデザインなど練り上げられて完成されます．そのような場合，博物館が開館すると同時にすでに展示が完成していることから，その後すぐに学芸員が展示資料を追加したり，展示自体を大きく改修したりすることは，完成されたデザインを変更することになり，なかなかできません．そのため，学芸員は展示の創造よりもむしろ展示の管理のために働く場合が多くなります．

　東海大学自然史博物館はもともとあったガレージのような古い催事展示館に特設したような，完成されたとはいいがたい展示から出発しました．そのため，時間の経過とともに，いくつかの特別展や展示の新設などを行うたびに，展示資料の充実と展示技術のノウハウが磨かれていきました．そして，恐竜ホールの大きな空間を，「みんなの知っている大好きな恐竜で埋め尽くそう！」という構想が生まれ，それをもとに時間をかけて恐竜の全身骨格を一つひとつ設置し展示していき，博物館は展示面でだんだんと博物館らしく完成に近づいていきました．

2002年の移設リニューアル

　新たな世紀，21世紀を迎えるにあたり，2000年10月に東海大学社会教育センターでは組織も大きく変わり，人体科学博物館が閉館し，文化ランドのミニチュアランドが閉園しました．2001年になると，旧人体科学博物館の建物に2002年1月までに自然史博物館を移設し，合わせて展示をリニューアルすることになりました．

　旧人体科学博物館の建物は鉄筋コンクリートで，これまでの催事館的な鉄骨

3階　爬虫類の誕生・恐竜ホール

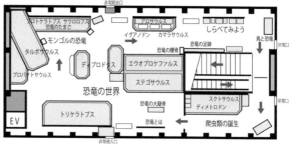

2階　中生代の海・哺乳類の時代・氷期の世界

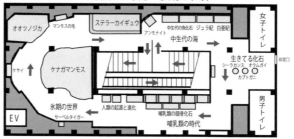

1階　ようこそ地球へ・ディスカバリールーム

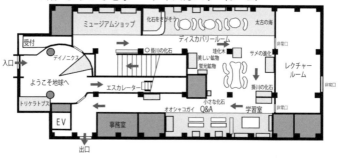

図7-26　2002年1月に移設開館した東海大学自然史博物館の平面図

系の建物よりも外観や内装設備は一般の博物館の建物らしいものでした．しかし，中央にエスカレーターや階段があることと柱が多いこと，窓が多いこと，総床面積が狭く，展示室だけでバックヤードがとれず，収蔵や研究スペースが館内に設けられませんでした．その結果，収蔵と研究スペースは別の建物を利用することになりました．また，自然史博物館に必須の大型搬入口もなく，巨

大な恐竜骨格の搬入と設置にはいろいろな工夫と複雑な工程が必要でした.

　移設した新たな展示は,「生物の絶滅と地球環境」をテーマとし,恐竜化石の展示を中心に脊椎動物の進化の歴史を過去から現在にたどるストーリーにしました（図7-26）.

　エントランスホールには,地球とその歴史をイメージしたトリケラトプスやデイノニクスなどとともに各時代の化石が来館者を迎えるように配置しました.そこからトンネルに入りエスカレーターに乗って,3階の脊椎動物が発展した約4億年前の古生代デボン紀の世界,そして恐竜ホールへと向かいます.恐竜ホールでは,ディプロドクスやトリケラトプスなど7体の大型恐竜の全身骨格がフロアいっぱいにひしめきあっています（図1-1）.

　2階は「中生代の海」,「生きてる化石」,「哺乳類の時代」及び「氷河の世界」などの展示コーナーで構成しました.リニューアルに伴い,「氷河の世界」のコーナーにケナガマンモスの全身骨格を購入し設置しました.1階はディスカバリールーム（図7-18）として新コーナーを設置し,ここでは化石や生物,岩石・鉱物などをより身近に体験的に楽しみながら学習してもらうために,「わくわくボックス」,「化石をさがそう」,「恐竜Q＆A」,学習室などで構成しました.

2013年と2014年の1階の展示改修

　2011年に水産学科の秋山信彦教授が館長になられ,自然史博物館に地元の静岡県の自然に関する展示がないことから,1階のディスカバリールームの大部分を「静岡県の自然」というテーマで2年かけて段階的に展示改修を行いました.この展示改修では,それまでの展示や入口を含めた動線の不備,館全体の床や展示壁などを修復しました（図7-27）.

　「静岡県の自然」については,展示場としては狭いですが,「富士山のすがた」や「南アルプスの自然」,「里山の自然」など,静岡県の特徴的な自然についてコンパクトに統一的なデザインで完成させました.展示物には,自前で製作した「富士山のすがた」のプロジェクションマッピング立体地形模型や「雑木林」のジオラマなどもあります.

海洋科学博物館のマリンサイエンスホールの展示

　東海大学海洋科学博物館（海博）では,1986（昭和61）年に2階展示室の改修を行い,「マリンサイエンスホール」をオープンさせました.そのころ,海博では学芸部門は博物課と水族課に分かれていて,博物課は海博の2階と人体科学博物館,自然史博物館の展示をおもに担当し,学芸員も私と課長を含めて7名いました.マリンサイエンスホールの展示は構想から2年以上かけて準備され,施工は乃村工藝社という展示会社が行いましたが,博物課との共同作業で

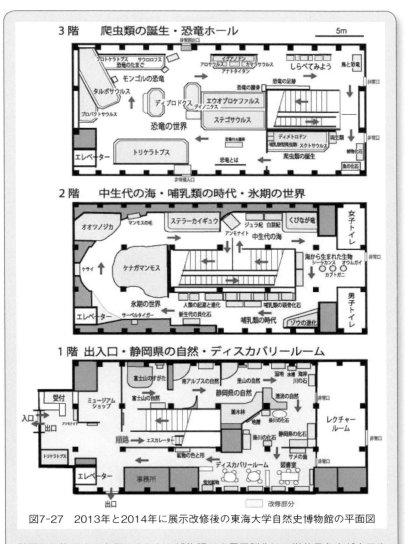

3階　爬虫類の誕生・恐竜ホール

5m

非常階段出口

プロトケラトプス　サウロロフス
恐竜のたまご

モンゴルの恐竜

タルボサウルス

プロバクトサウルス

ディプロドクス

ディノニクス

恐竜の世界

トリケラトプス

エレベーター

非常階段入口

イグアノドン
アロサウルス　　カマラサウルス
アナトタイタン

エウオプロケファルス

ステゴサウルス

恐竜の大腿骨

恐竜とは

しらべてみよう

鳥と恐竜

非常口

恐竜の腰骨　恐竜の足跡

ディメトロドン
哺乳類型爬虫類　スクトサウルス

爬虫類の誕生

両生類

非常口

植物化石

魚の化石

2階　中生代の海・哺乳類の時代・氷期の世界

オオツノジカ

ケサイ

マンモスの毛

ケナガマンモス

ステラーカイギュウ

氷期の世界

サーベルタイガー

エレベーター

アンモナイト

ジュラ紀　白亜紀

中生代の海

人類の起源と進化

新生代の貝化石

くびなが竜

女子トイレ

非常口

海から生まれた生物
シーラカンス　オウムガイ
カブトガニ

哺乳類の歯骨化石

哺乳類の時代

ゾウの進化

男子トイレ

1階　出入口・静岡県の自然・ディスカバリールーム

受付

入口

出口

トリケラトプス

エレベーター

ミュージアム
ショップ

アンモナイト

順路

富士山のすがた

富士山の自然

エスカレータ

鉱物の色と形

事務所

出口

南アルプスの自然

静岡県の自然

雑木林

掛川の化石

里山の自然

池地

掛川の化石

ディスカバリールーム

蛍光鉱物

湖沼　水槽　海岸
川の石

渓流の自然

静岡県の化石

サメの歯

図書室

非常口

レクチャー
ルーム

非常口

非常口

改修部分

図7-27　2013年と2014年に展示改修後の東海大学自然史博物館の平面図

計画から施工までを行いました．博物課での展示製作は，学芸員各人が木工や電気，デザイン，コンピュータなど得意（趣味）とする技術というか技があり，それらをお互いに出し合い協力し合って行いいました．また，展示室の横には，メクアリウム（機械水族館）などの展示物の整備や組み立てを行える展示準備室（図7-28の⑥）があり，旋盤や糸鋸など機械や道具がそろっていて，展示物

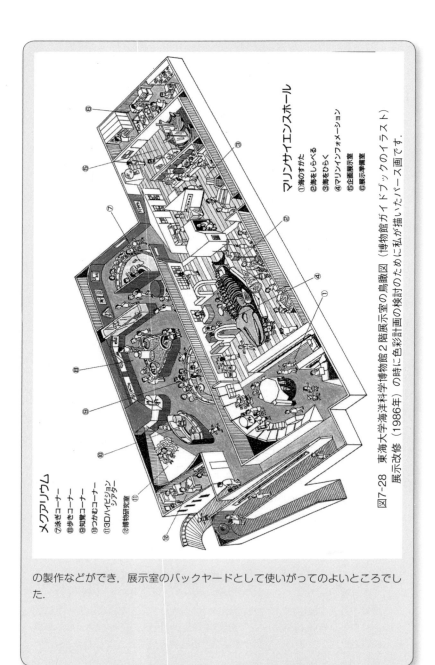

メクアリウム
⑦添ぎコーナー
⑧歩きコーナー
⑨知覧コーナー
⑩つかむコーナー
⑪3Dハイビジョン
　シアター
⑫博物研究室

マリンサイエンスホール
①海のすがた
②海をしらべる
③海をひらく
④マリンインフォメーション
⑤企画展示室
⑥展示準備室

図7-28　東海大学海洋科学博物館2階展示室の鳥瞰図（博物館ガイドブックのイラスト）
展示改修（1986年）の時に色彩計画の検討のために私が描いたパース画です。

の製作などができ，展示室のバックヤードとして使いがってのよいところでし
た．

第 **8** 章

博物館での教育
――学びの場としての博物館――

図8-1　サマースクール「化石を掘ろう」の化石クリーニング作業
（東海大学自然史博物館）

学びの場として博物館

　博物館では，博物館の資料や研究成果を利用して展示や講座，サマースクール（図8-1），ワークショップ，普及誌発行などで教育活動が行われています．学芸員はその企画と運営を行い，博物館ならではの教育活動を展開しています．博物館での学習は，学校教育とは違い，多く知識を教えることではなく，博物館の専門とする「モノ」を対象に，気づきと疑問，その探求と調べ，比較と理解によって興味をもたせ，自分自身で「自分にとっての意味を見いだす.」（井島，2012）ことです．

　すなわち，「モノ」を見て，または触れて，「これは何？」，「なぜこうなるの？」，「わからないから調べてみよう」，「そうか納得！」という過程を体験して学習することにより，知識を量的に蓄積するのではなく，自分の身の回りの「モノ」と経験を通して相互作用させながら探求する学習方法を身につけることです．また，学びとは，自分のそれまでの知識や意識を超えて，蓄積されるものです．そのためには，博物館では「なぜ？」や「なに？」となる「モノ」や話題を意識的に提供しなければなりません．

　博物館に来館する人は，自ら何かの期待（アジェンダ）をもって自分の意志で博物館に足を運びます．そのため，単に情報や知識を受動的に得ようというわけではありません．そして，博物館で目にするもの，経験することを，それまでの自分の知識や経験と照らし合わせ関連づけて，自分にとっての意味を見いだします．自分にとっての意味を見いだすからこそ，学ぶ楽しさがあり，興味をもってもっと学びたいという欲求が生まれます．博物館での学びは，獲得すべき知識が他者によって決められていません．そのため，ある特定の知識を獲得したかどうかを評価されることがなく，いつでも何度でも訪れることができる，利用者にとって自由な学びの場です．

　博物館には，年齢，知識，興味など異なった多様な人たちが来館します．そのため，展示資料やその解説を検討する上で，どのような来館者が博物館の展示資料や博物館自体から発見や驚き，知識や期待に対する満足感を得ているかを，学芸員は知らなければなりません．そのためには，館内での来館者の行動を観察することや，直接対話する機会をつくり感想や質問を受けること，アンケートなどを行って広く利用者の博物

館への評価や期待を調査することが必要です．また，来館者をよく知ると，来館していない人は誰かが明確になります．博物館として，来館対象者に合わせた提示と教育は必要ですが，非来館者に対する博物館のあり方などの検討も必要です．

エデュケーター

博物館資料と来館者の興味を結びつけるきっかけや入口は，さまざまです．そして，そこから広がるそれぞれの興味と探求に応える，専門性のある学習ができるのが博物館の教育です．そのためには，資料の研究を主体的に行う学芸員とは別に，博物館利用者の学習の性質を理解し，多様な利用者と博物館の研究や資料をつなぐ専門職として，博物館での教育を専門とする学芸員が必要です．そのような学芸員がエデュケーター（Educator）です．

エデュケーターは，博物館の利用者の立場と視点から，博物館の展示や教育活動を検討し，博物館での自由な学びや利用者へのサービスを支援し，それを実施します．エデュケーターは，単なる知識を伝える教育者ではなく，資料の研究にもある程度係り，また利用者の視点をもつ，研究者と利用者との間を結ぶ学芸員です．資料の研究を主とする学芸員は，資料の研究が主体となり，利用者の視点が欠ける傾向にあります．そのため，それを補完する人材が必要です．とはいうものの，日本の博物館でエデュケーターを置いているところは少なく，博物館の教育活動を行うのも学芸員であることから，学芸員が博物館での教育活動を理解し，博物館資料の専門家であるとともに，その教育の専門家になる努力も必要です．

博学連携

「博学連携」とは，博物館と学校が連携して教育活動を行うということですが，博物館においては学校教育を補完する意味での学習支援活動という意味合いが強いものです．すなわち，ひとつの教育活動を学校と博物館で連携して行うのではなく，学校教育を補完する意味で，児童・生徒の学習活動の支援ために博物館ができることを協力するというものになっています．しかし，そのような学習支援活動であっても，それは学校教育の単なる延長ではなく，博物館だからこそできる学習活動であ

れば，また学校と博物館の双方の機能があるからこそできる活動であれば，結果的に「博学連携」という特徴的な教育活動になると思います．

　学校教育との連携を博物館内で行うものとして，一般には遠足や社会見学などによる団体観覧の受入があります．この場合，単なる博物館の見学ではなく，「博学連携」の学習としては事前学習と事後学習によるフィードバックがあるとよいと思います．このような連携では，学校側または博物館側，できれば両者による共同制作によるワークシートやガイドツアーなどを活用することが効果を上げます．ワークシート作成に当たっては，単に解説パネルやキャプションを書き写す課題などではなく，資料を見て新たな発見や見学テーマを明確に自覚できる仕掛けづくりが望まれます．そのためにも，博物館側として効果的な利用のためのワークシートの例やガイドブックと，教員向けのレファレンスやガイドレクチャーなどの対応ができるとよいと思います．

　東海大学海洋学部博物館では，おもに学校団体への教育プログラムについては，レクチャーやガイドツアー，体験プログラムを行っています（現在コロナ禍で一部変更あり）．海洋科学博物館のガイドツアーには，「夜の水族館」と「水族館の裏側探検」があり，体験プログラムには「飼育体験」，「ウミホタルの発光実験」，「ミズウオの解剖」，「ビーチウォッチング」，「タッチプール」などがあります．自然史博物館のガイドツアーには「太古のたより」と「恐竜ナイトツアー」があり，体験プログラムでは「化石のクリーニング」と「海岸の石」があります．

　また，このような学校団体へのプログラムとは別に，その博物館独自の教育プログラムの開発と整備が必要と考えられます．すなわち，学校団体向けだけでなく，一般グループや個人での見学に対しても，博物館での学習プログラムはその博物館ならではの教育活動になります．

　学校教育との連携のうち，学芸員が学校内での教育活動へ参画する場合もあります．学校への資料の提供や貸出し，出張展示，それを活用した体験学習や出張授業などは，博物館におけるアウトリーチと呼ばれる活動のひとつでもあります．

　これらのプログラムの実施には，教員と学芸員との密なコミュニケーションと両者の専門性を生かした協働であることが必要で，学芸員側も学習指導要領などでどのように博物館資料が学校教育で利用できるかを検討する必要があります．学校と博物館の連携では，博物館は学校から

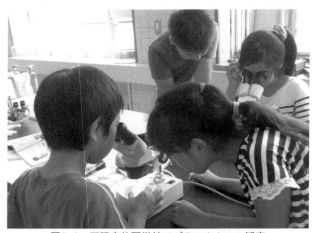

図8-2　双眼実体顕微鏡でプランクトンン観察
博物館のアウトリーチ活動で静岡市立清水辻小学校５年生の授業
（伊藤，2018より）

の依頼要請を待つ受動的な立場の場合が多く，また学校側も積極的に博物館と連携を依頼する教員も少ない傾向にあります．

しかし，博物館も学校側もお互いに消極的では，せっかくの博学連携が進みません．そのため，博物館として博学連携を進めるために，積極的に学校に働きかけて，その学校にあった学習プログラムを設定して，博物館をさまざまな形で利用してもらう働きかけをするべきです．その仕事は，人員も限られる博物館としては大変な仕事ですが，そのための支援者としてエデュケーターやボランティアの存在は大きいと思います．

東海大学海洋学部博物館では，以前に「博学連携」を積極的に推進した学芸員がいて，地域の小学校へ個別訪問して，博物館から学校へのアウトリーチ（出張授業など）による博学連携の提案をして回りました．最初はなかなか小学校の先生たちから認めてもらえませんでしたが，中には関心をもっていただける学校もあり，いくつかの学校で出張授業が実現しました（図8-2）．また，学校の先生からは地域の自然環境についての問い合わせもあり，それに応えて先生たちが地域の自然環境を知るためのフィールドワークも行いました．そのような活動により，数年後には先生たちの理解も深まり，学校からの出張授業の要請も増えてきて，ひとりの学芸員では対応できない数になりました．

もともと，このアウトリーチの活動は，博物館と地域の学校との連携を強め，博物館が地域に根差したものとして活動したいという考えからでした．そして，学校の生徒・児童に実際に博物館に来ていただき，博物館でも学習してもらい，子どもたちにもっと博物館を気軽に利用してもらおうという目的で始めた試みでした．

ボランティア

　現代の博物館は，社会や地域そして学校との連携を踏まえた上で，展示や博物館活動を考えることが重要です．なぜなら，博物館はもともと資料を永久的に保管する「蔵」であり，それは社会から孤立しているものではなく，社会やその地域と地域の人たちによって理解され支えられて，継続できる事業であるからです．

　そのため，博物館活動では，博物館や博物館資料をより理解してもらうために，実物資料に触れることから始まる体験や野外学習活動が盛んに行われています．しかし，それらの活動は，博物館の学芸員や職員の努力だけでは，社会や学校などとも十分に連携できない状況です．そのため，博物館をサポートする人たちや組織が，来館者と学芸員の間に入ることにより，より多様できめ細やかな連携活動が可能となります．そして，その連携のあり方としては，単なる業務の委託や依頼ではなく，対等の立場でのパートナーシップを理念としてもつ連携が必要です．このパートナーシップを前提とした支援組織や人々の活動を，博物館のボランティアまたはサポーターと呼びます．

　博物館でのボランティア活動の事例は，日本では今から40年前ころから始まり，現在では博物館の活動を支える大きな柱ともなっています．近隣の博物館でのいくつか例をあげると，静岡県立美術館ボランティアや東海大学海洋科学博物館の学生ボランティア，静岡市立登呂博物館の体験活動を支えるボランティア，ふじのくに地球環境史ミュージアムのミュージアムサポーター（図8-3）などがあります．

　静岡県立美術館ボランティアは，開館前年の1985（昭和60）年から募集と研修を始め，1986（昭和61）年4月の開館と同時に活動を開始しました．以来，美術館と来館者との架け橋となるべく活動を続けられています．2010（平成22）4月からは，新体制で活動を再スタートし，美術館の日々の活動を支え，来館者と美術館，地域と美術館を結ぶ架け橋と

図8-3　ミュージアムサポーターによる学校団体のガイドツアー
（ふじのくに地球環境史ミュージアム）

なるという基本方針のもと，①図書閲覧室の受付や書籍の出納，②学校等の団体観覧の館内誘導など，③実技室で行われるさまざまなイベントの補助，④ギャラリーツアー，⑤目の不自由な方のためのタッチツアー，⑥資料整理，⑦地域連携・草薙ツアーの７つのグループに分かれて活動しています．

　ふじのくに地球環境史ミュージアムのミュージアムサポーターは，①展示解説や館内案内の補助，②標本資料整理や館内整備の補助，③その他教育普及活動の補助などに当たっていて，博物館の企画広報会議にメンバーが参加して直接，博物館職員と意見交換をして博物館の教育活動などの企画に参加しています．

生涯学習

　「生涯学習」とは，子どもから高齢者に至るあらゆる人々が自主的に「学ぶ」ことであり，その「学ぶ」ことを保障する基本理念を確立しようとするものです．このことは，障害をもつ人たちに対しても，同じ理念であることを意味します．かつては，この言葉と似た「生涯教育」という言い方が用いられていましたが，「生涯学習社会」を推進する上に，「教育」という言葉は学校教育など強制的な学習と捉えられがちである

ことから改められました.

　生涯学習は,旧来の家庭教育,学校教育,社会教育という分離した教育のあり方ではなく,実社会と遊離しがちな学校教育機能を社会と結びつけ,人間の発達段階・成熟過程を段階的にとらえて,教育の組織化を図ったもので,今や「生涯学習」は日本の教育行政の中心テーマとなっています.そして,博物館はその生涯学習の核のひとつとして,生涯学習に寄与することが強く求められています.上に述べた博物館のさまざまな教育活動や「博学連携」,「ボランティア」などは,「生涯学習」の核としての博物館が学習のコミュニティーとして重要な役割をもっていることを示しています.

学芸員養成と専門教育

　博物館は,その活動を多くの人たちに支持していただき,永続的に資料を収集し保管し後世に残す使命があります.そのためには,博物館の活動を多くの人たちに正しく理解していただき,さらにその資料を研究する専門家である学芸員を養成していかなくてはなりません.博物館とその活動の理解については,生涯学習における博物館の活動や大学での博物館学芸員の養成課程により,最近では多くの人たちが理解を深められていると考えられます.

　博物館において各分野の資料を研究する専門家である学芸員については,これまで大学や大学院での研究課程でそれぞれの分野で養成されてきました.しかし,近年の大学では基礎的研究や時間のかかる研究テーマが軽視され,基礎研究の研究者が減少しています.とくに,自然史系では生物分類学に関して,すでに大学ではそのような講座も研究者も少ない状況にあり,大学から今後,分類学者が誕生する可能性が少なくなっています.日本の生物分類学の分野では,今から20年ほど前から「生物分類学の研究は博物館が最後の砦」といわれていました.

　博物館での研究は,現在の日本の大学で優先されるような短期で先端的で地球的(グローバル)な研究ではなく,長期で基礎的で地域的(ローカル)な研究が主体です.しかし,それは地域の文化財や自然財を直接探求するものでもあり,地域に根差した博物館でなければできないことです.そして,博物館ではそのような研究テーマをもつ後継者をつくる教育活動も,重要な責務と考えます.

2023（令和5）年4月施行の博物館法では，博物館の事業の中に「学芸員その他の博物館の事業に従事する人材の養成及び研修を行うこと．」ということがうたわれています．その意味には，もちろん博物館実習のような学芸員養成の支援も含まれますが，より専門的な研究者養成教育も必要であるという意味もあると思います．このような研究者養成教育は，通常，大学の大学院課程で行われるもので，ほとんどの博物館では大学院課程を行えるシステムがありません．しかし，国立科学博物館では東京大学などいくつかの大学の連携大学院として，大学院課程の単位が取得できます．今後，このように，より専門的な研究者養成教育が県立博物館レベルでも行える体制が必要であろうと考えます．なお，このような博物館における研究者養成については，私自身が大学の卒業研究と大学院での修士研究で国立科学博物館（新宿分館）の桑野幸夫先生の元で研究させていただき，博士論文についても論文校閲などでお世話いただきました．

　以前に，ある博物館の学芸員から，「博物館の教育は，特殊教育である．」というお話を聞いたことがあります．その学芸員は，「博物館にとってもっとも行いたい子どもたちへの教育は，自分の好きな昆虫や化石などの採集や分類に熱心で，博物館に入り浸って研究室まで来て学芸員に質問したりする数少ない特殊な子どもに対してであり，その子たちがやがて専門家となり，博物館の学芸員として博物館を継承していくことを願い，大事に育てていきたい．」と語っていました．

　しかし，そのような博物館に入り浸っている子どもたちも，現実には中学・高校と進むにつれて，クラブ活動や受験で忙しくなり，自分の趣味や興味を追うことができなくなり，やがて博物館に来ることもなくなるのがほとんどです．しかし，例外的に自分の興味をそのままもち続けて，その分野に進み，学芸員として博物館に勤めることのできた人もいます．私たち学芸員は，そのような例外的な子どもたちのためにも，今までのように広く浅い教育普及活動を進めながら，機会があれば例外的で特殊な研究者養成の教育活動を行いたいと思っています．

第9章

博物館の情報メディア
──アーカイブスとウェッブページ──

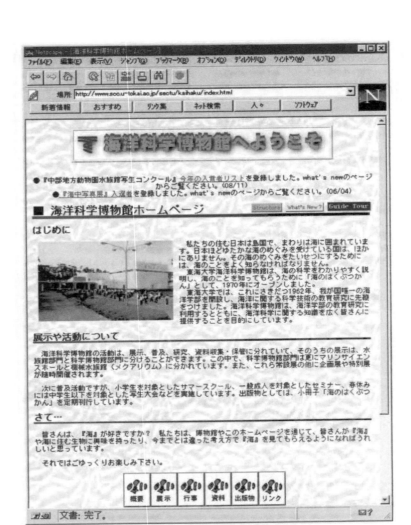

図9-1　1986年5月に公開した東海大学海洋科学博物館のホームページ
（石橋・柴，1999a より）

アーカイブスとマルチメディア

　博物館はもともと「蔵」であり，博物館はある「モノ」についての研究・教育の資料が集まる場であり，博物館にはその資料に関するさまざまな情報が多量に集積します。このような史・資料や公文書，保存記録を英語で "Archive"「アーカイブ」と呼び，そのような資料が集積し安全に保管されるところ（領域）を "Archives"「アーカイブス」と呼びます。博物館にも「アーカイブス」があり，その多量の資料や情報を管理し，情報の一部を公開し提供する役割をもちます。なお，アーカイブのうち，デジタル化されたアーカイブは，「デジタルアーカイブ」と呼ばれます。

　「メディア」とは，媒体，媒質，伝達手段，中間などの意味をもつ英単語 "medium" の複数形である "media" に由来し，「情報伝達を媒介する手段」あるいは「情報伝達の媒介者」という意味になります。すなわち，情報の伝達や記録に用いられる物体や装置，及びこれを利用して人に情報を伝達・配布する新聞やテレビ，ウェブページなどとその事業や組織，仕組み（システム）などを指します。

　博物館では，展示などでその資料の情報を文字や画像，映像などの媒体を用いて，来館者に伝えています。「マルチメディア」とは，情報媒体の文字や画像，動画，音声など，さまざまな種類や形式の情報の媒体（メディア）を組み合わせて複合的に扱うことができるもの，とくにコンピュータなどの情報機器を用いて，デジタル化されたそれら多様な種類の情報を統合したもの，または仕組み・装置を呼ぶものと思われます。

博物館の情報

　博物館の情報には何があるでしょうか。博物館での情報には以下のようなさまざまなものがあります。

　①博物館の建物や活動に関する基礎情報
　②職員などのスタッフの人的情報
　③資料の収集・登録情報
　④資料に関する関連情報
　⑤資料に関する研究の情報
　⑥展示及び展示解説の情報

⑦教育行事の予定や企画情報

⑧行事参加者や友の会，ボランティアなどの人的情報

博物館では「モノ」を「博物館資料」として収蔵しますが，そのためには，以下のことに留意して「モノ」を「博物館資料」としなければなりません．

・博物館の収集方針が明確になっているか．

・ものの履歴をたどり，関連する情報を記録して価値が探れるか．

・ものを取得することが博物館の使命に合致しているか．

・ものの所有権を取得できるか．

・資料登録・保存などの一連の作業が可能か．

博物館では，「モノ」を「博物館資料」とするために，資料の情報を記録（Documentation：ドキュメンテーション）します．そのため，「モノ」についての情報の記録は博物館活動の基本であり，記録には以下のような役割があります．

・どのような資料が収蔵されているかが把握でき，それは展示や研究，教育に活用に対応できる．

・資料の所在把握ができていて，問合せや活用に対応できる．

・資料の履歴，所有権証明，紛失・盗難に対応できる．

・担当者が変わっても情報の引継ぎができる．

また，資料に関する基本的な記録情報には，資料に関する基本的な搬入記録，ラベル情報，収蔵場所，入出庫記録，「こと情報」（来歴など，資料に関するさまざまな情報）といった情報が必要です．自然史系の標本に関する基本的な情報（ラベル情報）では，いつ（when），どこで（where），誰が（who），何を（what），何のために（why），どのように（How）が必要ですが，少なくとも「いつ」と「どこで」ということは欠かせません．

資料情報の保存と出力にあたっては，資料情報にはさまざまなものがあり，異なった形式や形態が含まれ，デジタル化とデータベースへの入力や構築に際して，「モノ」の名前の標準化や類似語などを整理したシソーラス（Thesaurus：類語辞書）を構築する必要があります．自然史系の名前は学名という標準化した名前があるので検索するのにあまり困りませんが，人文系の資料の名前には地域や材質などにより同じものでも名前が異なるものがあるため，シソーラスのような類語辞書が必要と

なります．また，以下のようなデータ入力における，人為的なさまざまな不備が生じる場合があり，それを防がなければなりません．

- ・テキストの場合に半角や全角が混合していないか．原著者名にアルファベット以外の文字が使用されていないか．それはエンコードの変換などされているか．地名の表記は正しいか．種の和名から学名へ変換しているか．
- ・位置情報については，現在の地名や緯度経度と対応しているか．
- ・写真などの画像の保存形式については，JPEGは保存のたびにデータが減少するので，TIFF形式が用いられているか．
- ・資料情報の保存については，複数のバックアップをつねに行っているか．
- ・資料情報の入力については，検索・出力は利用しやすい方法になっているか．
- ・印刷出力について，保存に係るものは顔料インクと中性紙で行っているか．

博物館における情報管理

　このようにさまざまな情報を大量にもつ博物館では，情報をデジタル化して，それをコンピュータによって管理し，その一部を展示や書籍等及びウェブページで提供するべきです．とはいっても，博物館の「ハードユーザー」は学芸員自身であり，博物館の情報をもっとも利用するのも学芸員自身ですので，業務では博物館内で情報の整理と管理が必要です．学芸員自身，各専門性もあり，その専門分野の方法に基づき自分の方法で資料の登録や管理，情報化を行っている場合があります．そのため，博物館内部での情報の共有化さえ難しいことがあります．

　博物館は現在や未来のために資料を保存していることから，その資料と情報は学芸員だけのものではなく，それを利用する人たちのためにも存在します．博物館は資料とその情報をきちんと整理して，まず館内で情報を共有できるようにして，それを他の多くの人に利用してもらう体制をとる必要があります．

　博物館にはさまざまなものがあり，博物館の情報は多岐にわたること，またその専門性と学芸員の個人的な管理体制などのために，すべての博物館に対応できる図書館のような画一的な情報データベースシステムの

構築が難しい場合があります．そのよう場合には，博物館で働く学芸員や職員が自分たちでその博物館に適合した情報データベースシステムを構築する必要があります．

博物館における資料，とくに収蔵物の整理や管理については，これまで多くの博物館で以前から登録簿や資料カードなどを用いて行われていました．しかし，資料が大量になると資料を探し出すことや検索や整理が困難になります．そのため，博物館では，汎用コンピュータによる標本管理のデータベースやパーソナルコンピュータ（パソコン）による市販のデータベースソフトを利用して標本管理が行われていました．しかし，最近では博物館独自のサーバをベースに資料情報データベースシステムが構築され，館内またはクラウドネットワーク上で共有データとして利用されるようになってきました．

博物館での情報管理については，すべての情報についてできれば一括して管理できるデータベースシステムを構築すべきです．その時注意すべき点は，資料の収集・登録情報が将来膨大な件数になることが予想され，それを考慮したデータベースシステムを核とし，データや使用方法の追加・更新と検索が行いやすく，多くの人が利用しやすいシステムと，データの保守やバックアップ機能が付随するシステムを構築しなくてはなりません．

情報をデジタル化して，データベースで管理し，その一部は一般向けに利用できる形に整備して，展示や書籍等及びウェッブページで提供できるシステムを整備できるとよいと思います．とくに，ウェッブページなどインターネットを用いた情報提供は誰でもどこでも利用できるため有効です．博物館の情報源は学芸員や職員であり，博物館とその情報が利用されるかは博物館の中にいる人の努力にかかっています．ただし，インターネットを利用する場合，そのセキュリティーには十分な保護や注意が必要です．

資料整理とデータベース

ここでは，博物館の情報整理とデータベースだけでなく，一般的な情報整理とデータベースについて解説します．まず，資料整理及び検索には，順次処理と検索処理があります．

順次処理と検索処理

①順次処理（ストリームアクセス）：資料のデータ（レコード）を分類せずに順番に並べたものを，最初から順次探していく方法です．コンピュータの機能でいえば，Windows の検索機能や Google などのテキスト検索は基本的にこれに当たります．コンピュータの性能が高まり，順次処理でも短時間で大量のデータから検索が可能となりました．ちなみに，私の書類の整理の仕方は，野口（1993）の「超整理法」に学び，分類することをやめて，A4判の封筒に書類を入れて，側面に日付と簡単なタイトルを書いて本棚に時系列に並べ，引き出して使用したファイルはその最前列に並べる「押出しファイリング」方式をとっています．これにより，書類の収容量が劇的にコンパクトになり，すべての書類がその棚にあり，頻繁に使うファイルが自然と手前にくることから，書類を探す時間とストレスがほとんどなくなりました．また，私はノートを1冊（フィールドワーク用は別に1冊あり）に限っていて，すべてのメモや記載はそのノートに行っているため，過去の記載も過去のノートを時系列に探すことで発見できます．個人的なデータについては，データ量が少ないので，このような順次処理方式が有効と考えられます．

②検索処理（ランダムアクセス）：あらかじめ分類された検索項目をもとに分類ごとに整理されたものを作成（ファイリング）し，検索項目に直接アクセスして検索を行う方法で，大量のデータ検索に有効です．コンピュータのソフトでいえば，Access や FileMaker などがあります．

データベース

データベースとは，複数のアプリケーションソフトまたはユーザによって共有されるデータの集合，またはその管理システムを含めたものをいいます．データベースという言葉は1950年代に米軍によって使われ出し，データの集まりを表の形で表現するリレーショナルデータベース（RDB）が主流です．データベースの操作や保守・管理をするためのソフトウェアを DBMS と呼び，大規模システムでは Oracle 社の Oracle が，小規模システムでは Microsoft 社の Access があります．近年ではデータの集合を，手続きとデータを一体化したオブジェクトの集合として扱うオブジェクトデータベースが大規模システムなどで利用されています．すなわち，データベースとは蓄積されるデータの集まりとその再利用

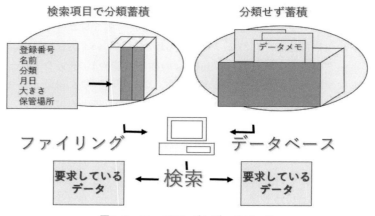

図9-2　ファイリングとデータベース

及び管理システムであり，その管理形態としてファイリングとデータベースという2つの方法（図9-2）があります（Haseman and Winston, 1977）．ファイリングの方法は，上に示した②の方法で，あらかじめ分類された検索項目もとに表として整理されたファイリング（リレーショナルデータベース）を作成するもので，市販されているデータベースソフトのほとんどはこのファイリングに当たります（柴・石橋，1998）．

　データベースソフトは博物館で情報整理に必要ですが，Wordや Excelなどワープロや表計算ソフトほど一般的に普及していません．利用されていない理由は，使うまでに詳細な設定と高い技術を要求される場合があるからです．優れたデータベースとは，データ件数が多く頻繁にデータが追加・更新されるものであり，多くの人が使わない，または使えないデータベースはデータベースの役割を果たせません．

　博物館におけるデータベースシステムの核は，基本的に大規模なデータにも対応できるリレーショナルデータベースで構築すべきであり，入力や出力時には場合により容易に入力・処理できるExcelなどで利用できるCSVファイルに変換して使用できるようにすることも必要です．

ウェッブページとデータベース

　インターネットとは世界中に広がった物理的ネットワークであり，それにはメールをはじめいくつかのシステムがあります．そのひとつであ

176

るハイパーテキストを実現したシステムがWWW（World Wide Web：ウェッブ）で，日本ではこれを一般的に「インターネット」と呼んでいます．また，一般に「ホームページ」といわれるものは，HTML（Hyper Text Markup Language）言語で書かれたファイルであるウェッブページ（Web page）であり，「ホームページ」はそのトップページ，すなわち表紙または目次（Index）のページに当たります．

　現在，コンピュータや携帯電話，スマートフォンは，インターネットにより世界に広がるコミュニケーションの道具，すなわちインターネットの端末機器となりました．ウェッブで気ままにリンクをたどり，いろいろなサイトを見て回り，新しい情報に出会うことを，最近では聞かなくなりましたが「ネットサーフィン」といいます．ウェッブでは，手軽に検索をして，自分の探している情報をウェッブページから手に入れることができます．ウェッブには，世界のさまざまな情報がつねに追加更新されていて，誰もが「ネットサーフィン」や検索エンジンを利用して探したり調べたりすることができます．

　データベースとは，蓄積されるデータの集まりとその再利用及び管理のシステムですから，WWW（ウェッブ）のシステムは自然発生的にできた巨大なデータベースそのものであり（石橋・柴，1999b），ウェッブページのサイトはそれぞれのアーカイブスといえます．自然発生的というのは，誰かが中央主権的な管理システムをつくって，意図的に構築されたわけでないという意味です．ウェッブは世界中の個人や組織が独自に作成したサイトがネットワークでつながったことにより形成され，巨大に増殖しているデータベースです．また，このシステムでは予約や買い物，対話など双方向の機能（Interactive tool）も利用できます．

　博物館の情報公開や博物館外部からの利用に対して，ウェッブページは博物館の公開データベースとしての役割を果たす有効な道具となります．

ウェッブページのつくり方

　ウェッブページは簡単に作成でき，ウェッブサイトも容易に立ち上げることができます．ウェッブページはタグ（コマンド）中に文章（テキスト）と画像などのリンクを配置したHTMLファイルからなり，基本的に以下のような構文です．

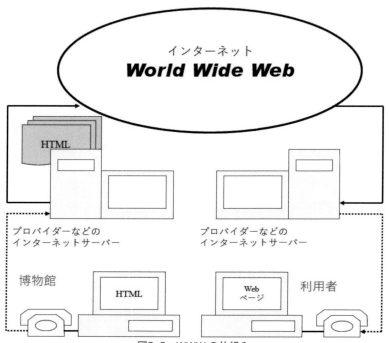

図9-3　WWW の仕組み

博物館で作成した HTML ファイルをインターネットサーバーに転送して置くことにより，WWW を通じて利用者が閲覧することができます．端末に電話が接続しているのは，以前は電話回線を利用していて，現在でもその場合もあることからです．

```
<html>
  <head>
    <title>　タイトル </title>
  </head>
  <body>
  <p> 文章 </p>
  <IMG src=" 画像ファイル名 ">
  <A href=" リンク先の URL"> リンク先の名前 </A>
  </body>
</html>
```

このように作成した HTML ファイルをウェッブサーバの専用フォル

ダに FTP（File transport program）ソフトで転送すれば公開されます
（図9-3）．また，公開されている HTML ファイルのソースを見ることに
より，その構造を理解すれば，それを改編し新たなコンテンツに書き換
えて，新たなページを作成することもできます．ただし，ウェッブサー
バ管理には，システム維持とハッキングなどに対する安全性確保できる
管理能力が必要となります．博物館ではその管理能力がなくても，上部
組織に管理されたウェッブサーバがあるか，それがなければレンタルサ
ーバを利用することでウェッブページを公開できます．

博物館でのウェッブページの作成と問題点

①ウェッブページの作成の条件
・素材となるワープロ文章（テキストデータ）と写真や図（画像デー
　タ）のデジタルデータがあり，利用できるか．
・HTML ファイルが書ける人材がいるか．現在では安価な作成ソフト
　があります．
・ウェッブ上にある情報を利用し，個人のスキルを上げる学習意欲があ
　るか．
・インターネットと LAN 環境が博物館内に整備されているか．
・博物館内でウェッブページの必要性とコンピュータシステム導入推進
　の理解があるか．
・学芸員の顔が見える個性ある博物館のウェッブページをつくることが
　できるか．
②現実の問題点
・学芸員が本来の仕事とウェッブページの仕事の二重の仕事を背負う可
　能性があります．
・ウェッブページとサイトのセキュリティーを守れるか．
・ウェッブページの製作と管理を業務のひとつと位置づけ，ウェッブ利
　用を前提とした新たな博物館体制の整備や投資を図れるか．

博物館のウェッブページと留意点

①博物館のウェッブページとは
・単なる広報媒体ではなく，媒体を変えた博物館活動であり，バーチャ
　ル（実質的な）博物館活動でもあります．バーチャル（Virtual）と

は，「表面上または名目上そうではないが実質上の」，すなわち「実際には見えないが実在するもの」という意味で，鏡に映った実体のようなものです．ですから，「空想」や「存在しないもの」を表すものではありません．ウェッブページは現実の博物館の「鏡」のようなものであり，ウェッブページはその組織や個人の本質（実体）が表出される媒体でもあります．したがって，ウェッブページを作成するということは，博物館のドメイン（目的や範囲）と活動を見直すことにもなります．

・ウェッブページは博物館のさまざまな情報に関するデータベースを公開する場でもあります．そのため，独自サイトで運用されるべきで，上部組織や関連組織のサイトの中にある場合，更新や掲載制限を受けて，ドメインが明確でなくなる場合があります．

・内容が施設紹介や展示内容紹介などで更新されない，問い合わせができない，魅力的でない，アクティブでない，単なる電子パンフレットは捨てられます．したがって，ウェッブページはインタラクティブなものとし，リファレンス対応などや新しい教育活動の場としてもとらえるべきです．

・ウェッブページは博物館の経営や教育活動に必要不可欠なものであり，博物館のデジタル情報化推進の核でもあります．そのために，博物館のデジタル化のためのシステム設計の検討が必要となります．

②ウェッブページの留意点

・博物館のメッセージやドメインが明確に表現されているか．

・来訪者に必要な情報が提供されているか．

・誰にでも見やすいページになっているか．

・博物館に対する新たなニーズが形成されているか．

・博物館に来たい人のための情報提供や来訪者に即時対応できる活動と体制があるか．

・独自の意味ある収集活動と情報発信ができているか．

博物館にホームページを！
―「第三の波」と WWW の世界―

　1995年に，世の中で「パソコン通信」や「マルチメディア」という言葉がはやり，コンピュータの OS として，それまでの日本語使用に制限されていた日本語 MS-DOS にかわって，パソコン（パーソナルコンピュータ）に DOS-V と WINDOWS 3.1が搭載され，それと同時に WWW でのインターネットの利用が可能となりました．私は，それまでもパソコンで文章作成や表計算などを行っていましたが，そのためのソフトは日本語版のものに限られ，欧米で使用されているまたはそれらと共通して利用できるソフトを使用できないでいました．DOS-V の登場によりそれらが利用できることと，インターネットに接続できることから，私はさっそく IBM の Aptiva 720というパソコンを私的に購入して，インターネットに接続させて WWW の世界に入っていきました．

　WWW では，まずアメリカのスミソニアン博物館のウェブページを閲覧しました．そのページでは，各展示フロアの展示にまでアクセスでき，とても感動しました．その時，私は「これは，博物館で使える！」と思いました．そして，私の勤める東海大学の博物館でもウェブページを開設しようと考え，博物館でその試みを認めていただき，同僚の石橋忠信さんを誘って1996年の２月からウェブページの作成を開始し，同年５月に博物館のウェブページ（図9-1）を公開しました（柴・石橋，1997；石橋・柴，1999a）．

　私は，博物館に勤める以前の1979～1982年の間，高等学校の教師をしていました．その時，教務の仕事として，コンピュータによる成績処理プログラムの作成を行っていました．そのころにはパソコンというものはなく，OS としての MS-DOS もない時代でした．教務の仕事ということで，学校で小型でしたが高額な IBM コンピュータを購入していただき，Basic というソフトを使ってプログラムを自主作成していました．

　作成といっても，私は大学の学生時代にコンピュータを使ったこともなく，研究で使う道具といえば岩石を割るハンマーと鉛筆や定規などの文房具ぐらいでしたので，コンピュータについてはまったくの素人でした．また，そのころにはコンピュータの使い方やプログラム作成についての本も教えてくれる人もなく，プログラム作成は手探りと試行錯誤しながらの作業でした．私は，この仕事を進める中で，コンピュータとは計算機であることはもちろんですが，これは新しい文房具で，扱っている数字と文字は保存しコピー可能なデジタルデータであるという強い認識をもちました．

　ちょうどそのころ，成績処理プログラムをいっしょに作成していた岩田喜三郎さんから，アルビン・トフラーが著した『第三の波』という本（トフラー，1980）を紹介されました．その本の内容は，これまでの世界の歴史で，農耕の

始まった「第一の波」,産業革命から始まった工業を中心とした「第二の波」があり,現在のさまざまな矛盾とこれからの情報社会や通信技術の発展などにより,これまでの画一化した社会が崩壊して新しい時代に向かう「第三の波」が起ろうとしている,というものでした.そして,この本には,これから20〜30年後の世界のようす,まさにそれは現在(2020年代)の現実の世界が描かれていました.私は,その本を数日で一気に読み上げ,これから来る「第三の波」の世界を想像しました.そして,その十数年後に WWW の世界と出会ったときに,私は「第三の波」が現実として眼前に到来したことを実感しました.

WWW の世界に出会う前の10年間,私はパソコンを使って文章を書き,それ以前の文章もテキストデータとしてデジタル化をこつこつと行っていました.これは,結果的に私自身のデジタルアーカイブスの形成になりました.そのころ,多くの人がワードプロセッサーで文章を書き,それができて印刷すると,新たに作成した文章データをそのデータに上書きするという,私には考えられないことをしていました.ワードプロセッサーは清書用のタイプライターではなく,デジタルのテキストデータを作成するもので,一度文章を入力して保存すれば,その文章は修正や変更が可能になり,さらにそれをコピーして他の用途にも転用できるところに重要な意味があります.それなのに,そのころは,わざわざそれを消去してしまう人たちが多くいました.

コンピュータは,今,スマートフォンなどとともに,インターネットに接続した通信・情報端末です.それは,資料を調べる図書館であり,自分の意見やデザインを表すペンや紙であり,カメラやムービーなどの画像や動画を撮影・録画・再生できるカメラやモニターであり,電話やファックスよりも気楽に使える情報交換の通信機器で,テープレコーダやファイリングボックスよりも膨大なデジタルデータを蓄積できて,それを簡単に検索できる記録検索装置でもあります.

1997年10月に私たちが調査した結果では,日本の博物館約3,500館のうちでいわゆるホームページを公開しているところは500館程度でしたが,その多くは市町村や NTT や富士通などの企業,それと全国科学博物館協議会など博物館関係の協会などのページに付加されている観光施設案内や博物館紹介程度のもので,博物館独自でウェッブページを製作・管理しているところは100館程度と推定されました.また,サーバを設置して館内 LAN やウェッブページ,データベースの公開などに利用しているところは20館程度とひとにぎりの博物館と推測されました.

博物館は将来の「生涯学習」の核として期待され,そのころから文部省(2001年から文部科学省)からの予算を受けて科学館・自然史博物館と動物園水族館協会などで,それぞれ教育ネットワークの構築プロジェクトが始められていました.しかし,博物館相互のコンピュータネットワークの構築には,博

物館の大小にかかわらず，多くの博物館が独自にデジタルデータベースを整え，ウェッブページなどを開設してネットワークに参加できる体制をつくる必要があります．すなわち，コンピュータネットワークに参加する博物館が多くなってこそネットワークが成立するため，各博物館が独自にウェッブページを公開し，収蔵資料のデータベース化や個々の環境整備を現状で整えなくてはなりませんでした（柴・石橋，1998）．

そのため，1997年から私と石橋さんで私的に，「博物館にホームページを！」というスローガンを掲げて，情報通信に関する問題を相談し合える博物館の学芸員向けのメーリングリスト（MML：Museum Mailing List）をネットワーク上に開設し，全国の学芸員や博物館の職員との情報交換の場をつくりました．この MML には最大で250人以上の方がメンバーとなり，活発な意見交換がありました．そこで，1998年から年に1回，MML でのオフ会，いわゆる研究集会（博物館ホームページ推進研究フォーラム）を開催して，ウェッブページやデータベースの作成とその問題点について話合いました（柴・石橋，1999；柴ほか，2001）．また，同時に，日本博物館協会でも情報分野の研究会を開催していただき，その開催に関してお手伝いさせていただきました．

この MML 及び博物館ホームページ推進研究フォーラムの活動は，それを始めてから数年して Google など高度な検索サイトの登場や，インターネットなどのネットワークの整備やコンピュータによる情報管理システムの普及，ウェッブページやインターネット利用がごく一般的になったことから，6～7年が経過したころから MML での情報交換も少なくなりました．すなわち，それまで特別だったことが，普通になってしまい，私たちの役割が終わったことに気づき，MML を解散しました．

私たちが，博物館のウェッブページを作成している時に感じたことは，自分の勤めている博物館のことをページの中で紹介するのに，学芸員である私たち自身が，実は博物館のことを良く知らなかったということでした．そのため，私たちは，ウェッブページをつくる中で，私たちの博物館のことについて再認識しながら，作業を進め，実態としての博物館の多くの問題点について気がつきました．それは，「博物館のウェッブページと留意点」の本文でも述べましたが，ウェッブページをつくることは，現実の博物館を「鏡」に写して見ているようなことであり，ウェッブページはその組織や個人の本質（実態）が表出される媒体を作成していることになります．すなわち，普段私たちは自分自身の顔や姿は見えませんが，それを「鏡」に写すことでその顔や姿を確認できるのと同じです．したがって，ウェッブページをつくることは，博物館の展示ばかりではなく，博物館のドメイン（目的や範囲）とその活動を見直す機会でもあります．

バーチャル（Virtual）という言葉の意味は，「表面上または名目上そうでは

ないが実質上の」，すなわち「実際には見えないが実在するもの」という意味で，例えば CT や MRI で肉体の中の臓器をスキャンして立体像をつくるようなもので，それは現実として表面上は見えませんが，実際にあるものなので画面に像として，またそれを立体の模型としても実体化できます．バーチャルというと，「虚像」や「仮想」という意味もあるため，「もともとないもの」または「想像したもの」という意味でとらえられる傾向がありますが，本当の「バーチャル博物館」とは，画像などで立体的・視覚的につくられて仮想された博物館ではなく，現実では見えない展示資料や博物館の裏側，さらに博物館の本質的なの活動を見せることのできる仕組みのことであり，博物館の展示としても，ウェッブページでも実現できるものと考えます．

第 10 章

博物館の経営

―ミュージアムマネジメント―

図10-1　韓国国立生態研究所 Ecorium

　広さが99万8000m²の敷地に，生態体験館「エコリウム」，広報館，展望台，映像館を備えた訪問者センターや，朝鮮半島固有の生態系を体験できる朝鮮半島の森，湿地生態院，高山生態院などがあります．エコリウムには，熱帯館，砂漠館，地中海館，温帯館，極地館という５つの展示温室があり，各館にはそれぞれの特徴的な植物や工夫を凝らした面白い展示がされています．エコリウムには年間100万人の来訪者があり，100名を超える研究スタッフがいて，展示・研究施設と周辺生態地域を通じた生きた生態教育の場が提供されています．

博物館での経営とは

　一般的に経営とは，人を動かし，あるいは人を配置して一定の成果を
あげ，その成果としての商品やサービスの向上により，よりよい満足を
人々に与えて利益を上げることを目的とする営利的の事業を行うことを
いいます．しかし，博物館は基本的に営利を目的とするものでなく，実
際にも博物館事業で利潤を上げている博物館は日本には存在しません．
また，そもそも公立博物館では博物館法で，「入館料その他博物館資料
の利用に対する対価を徴収してはならない．」と規定されています．私
立博物館でも入館料により利潤をあげているところなく，他の事業の収
益や所属企業や団体の補助によって経営が成り立っています．

　それではなぜ，博物館での経営（マネジメント）が必要なのでしょう
か．それは，公立博物館であれば，その運営資金は税金で賄われていて，
博物館を継続して存在させていくためにはその必要性をその地域の住民
に理解していただく必要があり，そのような観点での活動が博物館にと
って重要な要素となってきたためです．このような社会的な変化は，近
年の行財政改革の流れの中で，自治体の運営にも経営的視点が取り入れ
られて「箱もの」のひとつとされる博物館でも，営利を目的とする企業
と同様の視点での経営活動が要求されるようになってきました．その
いくつかの制度的な変化として，国立・公立博物館の独立行政法人化や
PFI制度（民間資金導入による公共サービス），指定管理者制度などの
導入と，公益法人に対する制度改革があります．

　とはいえ，博物館はある目的をもって資料を集め研究して，それを保
管し，展示し教育に供する機関であり，それは永続的な存在が保証され
るべき存在です．そのため，現在の経済状態によりその存続か廃止が決
定されるべきものではありませんし，博物館の使命を達成できないよう
な制度改革は受入れることはできません．しかし，残念なことに，一方
で住民や所属する企業体等にその博物館の使命がきちんと理解されない，
または財政的余裕がなければ，また博物館自体がその使命を果たす努力
を怠ることがあれば，その存続が否定されかねないことも現実です．

　そのため，学芸員自らが博物館経営について理解し，考えなくてはな
りません．経済学者のドラッカー（2001）は，「マネジメント（経営）
は利潤を追求することではなく，利益は目的ではなく結果である．」と

述べています．また，「マネジメントの問題は，『その組織は何か．』ではなく，『その組織は何をなすべきか，機能は何か．』である．」と述べ，「マネジメントには自らの組織をして社会に貢献させる上での3つの役割がある．」としました．それらは，

①組織特有の使命を果たす．
②仕事を通じて働く人たちを生かす．
③社会の問題の解決に貢献する．

という3つの役割です．そして，「『その組織は何をなすべきか．』ということは，その組織そのものやその能力に直接影響を与え，組織のあらゆる階層において行われるため，組織内での共通の理解が必要であり，組織の目的と使命をきちんと定義し，組織内で共通認識をもつ必要がある．」と述べています．

博物館は本来の使命を遂行するにあたって，ドラッカー（2001）のいうように，その組織体とそこで働く人たちと，その地域社会の利益や文化・福祉の発展を目的に加えて，博物館を運営・経営する必要があります．そのためには，博物館本来の業務や学問動向，組織体や地域の住民や利用者のニーズなどを知り，そのニーズなどの変化の方向性も加えて，それに応える活動をすべきであると思います．

博物館はドラッカー（1991）の非営利機関にも相当し，ドラッカー（1991）は「非営利機関はその使命をどのように定め，具体的にどのような行動目標を設定するかが重要である．」と述べています．また，博物館は，ドラッカー（2001）の「予算から支払いを受けて事業を行う公的機関」にも分類でき，ドラッカー（2001）は，「この種の公的機関の顧客は税金や予算を払う拠出者であり，この種のサービス機関が生み出すものは『欲求の充足』もあるが，むしろ『必要の充足』であり，持たなければならないサービスをすべての人に提供する機関である．」と述べています．

博物館運営の制度的な変化

①国立館の独立行政法人化：2001年4月から国の行政機関の多くが，各省庁から独立した法人，すなわち独立行政法人化されました．その目的は，公務員の数を減らすためで，運営のための予算は交付金として国から支給されるものの，国税の軽減と効率よい予算の使用が求めら

れます．その一方，それまで認められなかった収益を収入として計上することが許されました．しかし，事業収入の増加は，その分の交付金が減額されることもあります．

②公立館のPFI制度：1990年代初期のバブル崩壊以降の経済不況の打開策として，民間のビジネスチャンスの拡大を図り，税収の低下による地方自治体の予算不足に基づき，民間の行政サービスへの参入を目指したいくつかの制度ができました．そのうち，PFI（Private Finance Initiative）は，民間資金を導入して道路や建物などの社会資本整備の公共事業を行うことで，1999年に制定されて導入されました．博物館での例として，神奈川県の新江ノ島水族館があります．新江ノ島水族館は，神奈川県のPFI事業として，株式会社江ノ島マリンコーポレーションならびにオリックスグループにより江の島ピーエフアイ株式会社（特別目的会社，現在株式会社新江ノ島水族館）を2002年に設立し，神奈川県と30年間の事業契約を締結して2004年4月に開館されました．

③公立館の指定管理者制度：指定管理者制度は，2003年の地方自治法改正により，地方公共団体の指定を受けた「指定管理者」により公施設の事業が行えるというもので，従来公施設の事業者になれなかったPFIも指定を受けられるようになり，公立博物館等での指定管理者が浸透しました．この制度では，職員，とくに学芸員が正規職員でない場合があり，指定管理者が短期契約の場合，博物館のように長期的視点での収集保存事業と，職員の長期雇用が保証されないという問題があります．また，博物館の使命や倫理そのものが，このような制度で達成できるのか，さらに利益を追求しながら公益性が維持できるのかという問題もあり，単なる「施設」ではない，「機関」としての博物館の学芸業務にあまりそぐわない制度というほかありません．

④私立館の新公益法人制度：私立博物館には，財団法人により運営されている博物館が多数あります．財団法人とは民法第34条に基づき民間や地方公共団体により設立された法人で，公益法人と位置づけられています．公益法人の認可は行政の裁量で行われていたため，近年所管官庁の天下りの温床となり，2008年に一定の手続きによる法律要件を充当していることを第三者機関の「公益認定委員会」が認可するという新制度が制定されました．これにより，従来の財団法人は，公益法

人と一般社団法人に区別され，公益法人は固定資産税免除などの優遇を受けられる代わりに，組織の透明性や公益性の有無など厳しく審査されることになりました．

現在の博物館経営の課題

博物館の運営費は大きく内部資金と外部資金に分けられます．内部資金は設置者等からの予算処置によって与えられ，外部資金は入館料を含めそれ以外のすべての収入（事業収入）に当たります．現在の日本の博物館のうち，事業収入のみで運営されている博物館はほとんどなく，日本の博物館の半数弱は事業収入が100万円以下（杉長，2013）という状況であり，運営費を補填する内部資金によって運営が維持されています．とくに地方公共団体が設置した公立博物館は，1990年代以降の経済状況の悪化で，地方公共団体の社会教育費の減少が顕著であり（図10-2），その運営を圧迫しています．

図10-3は，館種別の事業支出の平均金額です．これを見ると，美術館がその額がもっとも多く，もっとも少ないのは郷土博物館で，郷土博物館は美術館の1/17しか事業支出がありません．これは郷土博物館のほとんどが小規模な地方公共団体の所管で，内部資金の確保と外部収入の獲得ができない状態にあり，基本的機能と役割を十分に果たせていないことの表れと思われます．

このように博物館の多くが財政的に厳しい状況に置かれているため，博物館における経費削減のため，調査研究費の予算が減少されているところが多くあり，現在調査研究費のない博物館は，全体の博物館の半数にも及びます（杉長，2013）．さらに，博物館の常勤職員が非常勤職員に転換され，学芸員が事務管理系の職務も行うなど，現在の日本の博物館の状況は，博物館の基本的な機能や役割を発揮することができないほど大きな支障をきたしています．

博物館は，収益を目的とした機関ではなく，博物館単体でその基本的な機能と役割を発揮することは困難です．博物館が基本的な機能と役割を発揮し，持続的な経営を行うためには，第一に設置者から必要な資金（内部資金）を確保することが前提となります．しかし，内部資金の確保にあたって，一般的に重要視される指標は，博物館の収集・保管・研究・展示・教育の活動やその実績よりも，事業収益額や利用者数など定

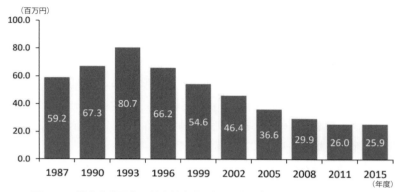

図10-2　地方公共団体の社会教育費の推移（みずほ総合研究所，2019）
1993年度と比べると2015年度は半額以下に推移しています．

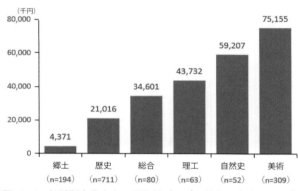

図10-3　館種別事業支出の平均額（みずほ総合研究所，2019）

量的なものになります．

ミュージアムマーケティング

　博物館経営を考える場合，博物館が有する経営資源の組み合わせと活用がこれにあたります．そこには，ビジョン（目的意識），アイデンティティ（自我存在そのものの個性），マーケッティング（市場活動），アドミニストレーション（事業管理）があり，それは長期的な組織のあるべき姿を明確にして，組織の目的とそれに対する課題を解決する努力を行うことです（岡田，2012）．そして，そこで得られた成果を博物館情

報として発信し，博物館の個性をいかに示し，市民や地域社会と交流して発展させていくかということになります．

　博物館のマーケティングとは，これら一連の流れの中で，具体的作業への分析や計画実施のための検討・分析作業ということになります．マーケティング活動は，市場分析（マーケティングリサーチ）と市場創造（戦略）に大別されます．市場分析は，戦略を立てるための基礎データを提供する重要なもので，市場創造活動は顕在する需要を満たし，新たな需要を掘り起こして充足させる活動です．

　博物館経営のための資金として，博物館はその受益者である地域住民に対して自館の活動や存在の意義を積極的に発信しなければなりません．一方で，前項で指摘した通り，ほとんどの日本の博物館は内部資金を基礎として活動が確保されているため，所管部局や財務部局に対して博物館の活動の意義を適切に示すことが重要です．顧客に対して行うマーケティングは「エクスターナルマーケティング」といい，組織内部や関連組織に対して行うマーケティングは「インターナルマーケティング」といいます．予算配賦は，本来ならば設置者の責任の下でなされるべきですが，設置者が博物館活動と存在意義を十分に理解していなければ，設置者に対するインターナルマーケティングによって内部資金の確保を図るべきです．

　博物館の成果として一般的に重要視される指標は入館者数ですが，確かに入館者数は「どれだけ多くの人に影響を与えたか．」という指標ですが，博物館の活動は展示活動だけではなく多岐にわたっていて，入館者数のみに表れるものではありません．その他の活動の成果として，企画展や講演会などのイベントやメディアにどれだけ取り上げられたか，来館者の満足度，地域社会への貢献度，調査・研究活動での刊行物の発行や学会発表など，収集活動の成果など活動に対する評価指標をきちんと示す必要があります．また，博物館があることによる地域社会に対する外部経済効果についても適切に主張することは重要です．これに加えて，もっとも重要なことは，博物館の社会的存在の意義とその活動を体系立てて説明することと考えます．

　一方，受益者としての地域住民が博物館の活動や存在意義を理解していることは，所管部局や財務部局に対して博物館の存在意義と活動を説明する時に重要であり，その意味での博物館のエクスターナルマーケテ

ィングも同様に重要です.

博物館の新たな外部資金調達

　博物館における入館料以外の外部資金調達手段として，ミュージアムショップなどの附帯事業と，寄付やメンバーシップ制度による寄付金獲得，スポンサー制度，クラウドファンディングなどがあります（みずほ総合研究所，2021）．欧米の博物館では寄付者やメンバーシップ会員，スポンサーにはさまざまな優遇制度があり，これらによる外部資金が運営資金の多くを占める博物館もあります．そのような博物館では，寄付者やスポンサーを積極的に獲得するための経営管理者（Business manager）を置いています.

　クラウドファンディングについては，海外ではいくつかの成功例はあり，積極的に活用されていますが，日本で活用している博物館は全体の2.1％であり，その知識とノウハウの不足や導入の対応を行う人員の不足と，制度的制約によってクラウドファンディングを行えないという現状があります.

　ミュージアムショップなどの附帯事業については，海外ではルーヴル美術館のように，ユニクロやSwatch，ルイヴィトンなどと提携して各種ブランドとのコラボレーションに特化した商品の販売を進めている特別なところもありますが，それ以外の多くの博物館でも独自のグッズを開発し，それらをウェッブなどでの販売活動も行われています．日本の場合，ほとんどの博物館が，委託販売による手数料収入のみで，大きな収入源になっていません．また，アクセスの悪い場所に博物館が立地する場合，来館者が減少することや委託販売業者がみつからないことにより，ミュージアムショップやレストランを閉鎖するところもあります.

　日本の博物館における入館料以外の外部資金調達の問題点として，優遇制度など寄付によって寄付者やスポンサーが得られるメリットの詳細な情報が十分に発信されていないことと，単館で寄付やクラウドファンディングについての専門性を有した職員を雇用することが難しいことなどがあります．そのためには，博物館が新たな資金調達方法にチャレンジする際に相談することができる窓口や組織を，各関連の博物館の協会などで整備することが必要と思います．日本の博物館の附帯事業の多角化や入館料収入増加の取り組みのために，エクスターナルマーケティン

グを行い外部資金調達の取り組みを積極的に行う必要がありますが，現実として日本の多くの博物館はそれをするための人員を確保することが難しい状況です．しかし，そのための人件費分が外部資金の増加によって補われれば，それはまったく可能性のないことではないと考えます．

博物館評価

　日本博物館協会（2009）によれば，アンケート調査での解答館2,257館のうち，定期的または不定期に博物館評価をしている館は40％で，外部評価または第三者評価がそのうち半数になり，その他は自己評価のみの館になります．博物館の活動を評価するには，その博物館の中長期計画や具体的目標及び評価指標の設定がされていなければ，それを自己評価でも第三者評価でも適正に評価できません．したがって，博物館は使命や目標を明文化して，その活動を具体的に示して，その活動について適正に評価され，問題があれば修正していかなくてはなりません．

　このような博物館評価は，博物館マーケティングの面からも重要であり，博物館の内部や設置者，また地域に対して博物館の評価を示すものです．それは，単に入館者数などの定量的な評価だけではなく，博物館の使命やそのための多岐にわたる活動をきちんと評価したものとして，公開されるべきものです．

博物館に対する市民ニーズ

　ここでは，市民のニーズを把握するための博物館マーケティングの手法として，2000〜2001（平成12〜13）年度に静岡県の自然学習・研究機能検討会で行った静岡県立自然系博物館に対するアンケートについて紹介します．このアンケートは，三島市・沼津市・富士市・静岡市・掛川市・浜松市（6市）に在住する20歳以上の男女2,647人に対して，自然系博物館の役割を解説したパンフレットとアンケート調査票を郵送し，1,132人（回答率42.8％）から回答が寄せられものです．

　自然系博物館への来館希望についての質問には，約73％と高い比率で「ぜひ行ってみたい」，「行ってみたい」と回答がありました．自然系博物館の役割に対する意識（複数回答可）については，下記の結果でした．
　①児童生徒の環境教育や課外学習の場（769人）
　②自然について学ぶ県民の生涯学習の場（622人）

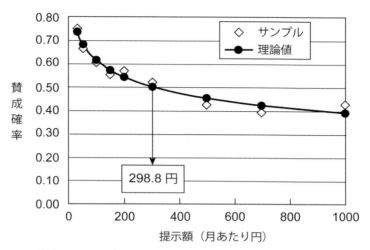

（注）●はワイブル関数の母集団推定値、◇は標本データ

図10-4　自然系博物館整備に関する支払意図額と賛成確率
（静岡県自然学習・研究機能検討会，2002）

③貴重な動植物標本の収集・保管の場（530人）

④家族や友人などと来て楽しむ場（412人）

⑤自然の魅力をPRする観光スポット（233人）

⑥自然に関する県内学術研究の中心拠点（215人）

⑦自然保護団体や自然研究グループの交流の場（141人）

⑧その他（20人）

　これは一般市民が利用する側としての意識であり，アンケートに同封した博物館の役割を紹介したパンフレットが参考になったと思いますが，その中でも「貴重な動植物標本の収集・保管の場」という意識が高いことがわかりました．

　このアンケートでは，供給側の行政が提供する公共サービスによってもたらされる消費者（人々）の効用（満足度）の大きさを金額で定量的に計測し評価する手法として，費用便益と費用対効果分析を行いました（図10-4）．アンケートでは，「博物館を整備し維持していく費用として，あなたは毎月どのくらいの金額を支払う意思がありますか.」という質問をしました．その結果，便益額はこの1世帯当たり支払意

志額（298.8円／月）となり，それを年額に変換し，静岡県の世帯数（1,302,348世帯）を乗じることによって単年度便益額が得られ，さらに，アンケートで自然系博物館に「ぜひ行ってみたい」または「行ってみたい」と回答した比率72.6％を総世帯に乗じて，年間約33.9億円という金額が算定されました．

　2002（平成14）年度から9年間にかけて自然系博物館を整備し，完成後の2011（平成23）年度から30年間の期間の費用と便益を算定すると，便益額は411.9億円となりました．そして，自然系博物館の費用対効果分析では，ケースＡ（既存のある大型の県立博物館）の場合は費用が358.2億円でアンケートから得られた便益額との比較では便益率が1.15となり，ケースＢ（Ａよりも規模の小さい県立博物館）の場合は便益率が1.35となりました．そして，この結果の評価については，ケースＡとケースＢいずれにおいても自然系博物館整備に対する県民の期待満足度を表すことになりました．すなわち，県民の「支払意志額」である県民の便益総額が，費用の視点から他県の類似施設を参考にしたＡとＢの2つのケースの費用を上回って（1を超えて）おり，静岡県の優れた自然を学び，研究する拠点となる自然系博物館の検討を進めるに値する県民のニーズが存在していることがわかりました．

　その結果を受けて，自然学習・研究機能調査検討会では，自然系博物館整備に関して，二段階による整備計画を立てました．それは，第一段階では，静岡県の自然に関する標本・資料の蓄積，総合的研究，連携・交流体制の確立，県民意識の醸成等の成果を踏まえ，自然系博物館の施設整備計画を含む第二段階の実施計画（博物館活動計画，施設整備・展示計画，管理運営計画等）を策定する準備を行うというもので，第二段階では自然学習・研究機能の理念やそのときの現状を検討して，第二段階の実施計画を策定するというものでした．

　この静岡県の自然学習・研究機能検討会のアンケート調査は，自然系博物館の検討を進めるに値する県民のニーズが存在することを明らかにして，その後の静岡県における博物館整備の推進に大きく寄与しました．その結果，その翌年度には，検討会の報告書にも示された「散逸する危惧のある標本・資料の収集・整理」が事業化されました．それによりNPO静岡県自然史博物館ネットワークが誕生して，その事業を委託して標本・資料の収集・整理を継続して行っています．さらに，2012（平

成24）年には静岡県自然学習センター整備委員会が開催され，2014（平成26）年には静岡県自然学習センター整備工事と博物館構想委員会が開催され，2016（平成28）年にふじのくに地球環境史ミュージアムが開館しました．

エコミュージアム

　博物館は館内にある資料を扱うだけではなく，地域資源にも目を向けることが，「博物館法」にも記されていて，博物館は地域にある資源（文化資源や自然資源）についても詳細を把握し，その保存と活用にも努めることが求められています．

　地域の文化財や自然財の資源は，それが重要と気がつかれないと，人類の歩みとともに破壊され続けます．とくに，日本では高度経済成長期に，各地で道路などのインフラが整備された時に，山や丘は切り崩され開発が相次ぎ，古い家屋は消失し，里山の自然は急激な速さで変貌しました．その時に，地域の遺跡や埋蔵文化財，昔からの町並み・景観，そして自然環境などの多くの資源の消失が進みました．

　これらの地域資源のこれ以上の消失を食い止め，その保存と活用をはかることも，博物館の仕事のひとつです．博物館では，地域資源の把握のために，各分野で地域の大切な資源を探し，それら状況を把握し，そしてそれらの維持についても考えています．

　それら，地域の文化財・自然財の保護と活用のひとつの方法として，「エコミュージアム」と呼ばれる新しい博物館活動があります．エコミュージアムは，自然環境を意味する「エコロジー」と，博物館を意味する「ミュージアム」を掛け合わせた造語で，フランスが発祥地で，1971年の国際博物館会議（ICOM）で提唱されました．日本には1995年に紹介されて，とくに過疎化が深刻な地域にとって，地域社会を結束させ維持することにもつながると考えられて，普及が徐々に進んでいます．

　エコミュージアムは，①コアとなる中核施設と，②周辺のサテライト（アンテナ），③コアやサテライトを結ぶディスカバリートレイルの3つの要素から構成されています（図10-5）．

　①コア：博物館やインフォメーションセンターなどがそれにあたり，地域資源の情報源として機能します．

　②サテライト（アンテナ）：その地域にあるそれぞれの自然遺産，文

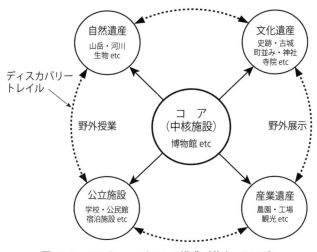

図10-5　エコミュージアムの構成（井上，2012）

化遺産，産業遺産，公共施設にあたります．

③ディスカバリートレイル：コアとサテライト，あるいはサテライト
相互をつなぎ，地域の魅力の再発見へと導く道で，課外授業やギャ
ラリートーク，課外展示などの機会を提供します．

エコミュージアムのスローガンとして，「町全体が博物館＋住民一人
一人が学芸員」というものがあります．すなわち，エコミュージアムの
特徴として従来の博物館のような，大がかりな建物や設備は不要で，学
芸員などの専門職員を特別に雇うわけではなく，解説は町の人たちが自
らの経験と知識をもとに行います．博物館の運営の中心は，エコミュー
ジアムに集まる人たちが利用する中核施設が担います．

エコミュージアムのような試みについて，私と静岡大学の延原尊美さ
んと2人で，2002年に掛川市に提案した「化石ミュージアムをめざして
─掛川層群のまちづくり資源として活用法」とした構想案（柴・延原，
2002）の例をコラム（200〜203ページ）にあげます．残念ながら，その
構想はいまだに現実のものになっていませんが，いつかそれができるこ
とを期待しています．

文化財や博物館資料には，さまざまなものがあり，その中で活用でき
るものや，活用により新しい資源を生み出すものがあります．とくに屋

外にある建造物や構造物，天然記念物などの資料は，その保存や保護など日常的な管理ができにくく，また年が経つにつれてその存在自体も忘れ去られるものもあります．そのため，その保護にあたっては，それらをコアまたはサテライトとして地域住民の保護と活用の活動を展開して，継続的に保護と管理を行う活動が行われる仕組みをつくる必要があります．

　このような例として，掛川市が行っている掛川市指定文化財「松ヶ岡（旧山﨑家住宅）」の一般公開による市民ボランティアの活動などその一例で，その文化財を一般公開し活用することにより，同時に保護していこうとするものです．

　地域博物館には，地域にある資源（文化資源や自然資源）について詳細に調査し把握する使命があり，それと同時にその資料を地域の人たちと保護する活動を，地域の人たちが利用することにより達成できるように，プロジェクトを推進することも必要となります．現在では，例えば国際連合教育科学文化機関（UNESCO）の世界文化遺産や世界自然遺産，世界ジオパークなどの地域の自然や文化を対象にその保護と利用を目的としたプログラムがあり，それらの指定や登録のための活動も意味あるものと考えます．

化石フィールドミュージアムを目指して
―掛川層群の町づくり資源としての活用法―

掛川市への「化石フィールドミュージアム」の提案

　掛川市とその周辺地域には，新第三紀以降（今から2,300万年前から現在まで）の地層がほぼ連続して広く分布し，多くの化石が発見されることから，日本における地層や化石の研究に関して代表的な地域のひとつとなっています．また，掛川市に分布する地層からは貝化石や微化石を用いた地層の世界的な年代対比や地球環境の変遷に関しての重要な知見が得られており，北西太平洋地域における新第三紀層の地層の中でも世界的標準（スタンダード）のひとつとして注目されています．

　その中でもとくに，掛川市とその周辺に分布する掛川層群は，今から約500〜180万年前に海底で堆積した地層で，貝類などの大型化石が豊富に含まれていること（図10-6, 図10-7）から，古くから地質学者や古生物学者によって多くの研究を行われており，掛川市は世界的にも重要な化石の宝庫といえます．

　掛川層群から発見される多くの化石は，これまで地元の化石愛好家の個人的な努力や多くの研究者の学術的な活動で，それらの資料の保全や記録が行われてきました．今後，その貴重な資料や情報を多くの市民とともに共有し，さらに組織的に調査や研究，記録や保全活動が行われ，その成果を地域の教育活動や町づくりにも活かしていくべきではないでしょうか．私たち研究者は化石愛好家と掛川市民とも話し合い，掛川市の化石資料の保存や研究・教育活動の拠点として「化石博物館」を設けて地域の情報を世界に発信し，野外散策コースを設けて過去の自然観察を楽しめるように，掛川市全体を化石フィールドミュージアムにする構想を掛川市に提案いたします．

図10-6　掛川層群の化石
掛川市本郷から産出した*Amussiopecten praesignis* を含む化石密集層の標本．

図10-7　掛川層群の化石
掛川市飛鳥から産出した *Megacardita panda* を含む化石密集層の標本．

掛川層群の代表的な地層断面の保存利用と化石公園

　掛川市では生涯学習社会の実現を目指し「全市36景36名所テーマパーク」などの構築に努力されています．その構想の中に，掛川市の誇れる自然財産である掛川層群の地層と化石についても是非ともきちんと位置づけ，保存及び研究，そして生涯学習のために十分に活用されるべきであると考えます．また，今後，道路工事や造成工事が行われる際に，化石層が露出する可能性のある地域については，事前及び工事中に地質記載や化石保存のための調査・採集を行政的に義務づけて，掛川市の自然財の資料とすべきであると考えます．

　掛川市には今から約500～180万年前に海底に堆積した掛川層群のほぼ全容が観察されます．しかし，単にひとつの化石層の露頭（地層が露出している崖など）の場所を保存するだけでは掛川市に分布する掛川層群の全体を把握できないばかりか，せっかくの過去の海底環境の多様性を実感することができず，魅力が半減してしまいます．したがって，できれば掛川層群の砂層や泥層などの代表的な地層の断面が観察される露頭群を保存の対象にして，それらを観察できるように整備し，管理できればよいと考えます．

　露頭の保存や管理については，市の指定または管理地として，地層や化石の説明板を設置し，露頭が植生や風化などで観察できにくくならないようにメンテナンスを行い，また崖の崩壊など安全性にも留意して保存できればと思います．そして，いくつかの保存される露頭がある付近を市民が地層や化石と触れ合う「化石公園」にしていただければと思います．「化石公園」では野外散策コースを設けて自然観察を楽しめるようにします．また，「化石公園」を複数設けて，それを巡って見学できるように，掛川市全体を化石フィールドミュージアムにできればと考えます．掛川市街に分布する掛川層群の化石の産出地と化石公園の候補地を図10-8に示しめし，いくつかの化石密集層の含まれる露頭の場所の写真を示します（図10-9，図10-10，図10-11，図10-12）．

　露頭の保存とともに，化石の研究調査や化石標本の保存，または地層や化石についての普及教育を行う「化石博物館」または「ビジターセンター」のような施設を設置して，そこを地元の化石や自然の愛好家の活動拠点とします．このような化石やその露頭保全を中心にした町づくりの例としては，中央道の造成工事の際に大量に発見された前期中新世（今から約2,300万～1,600年前の時代）の化石を市民の財産として，保全・活用するということを契機のひとつとして1974年に設立された瑞浪市化石博物館の活動があります．瑞浪市化石博物館は，市立の博物館ですが，学芸員も数名いて，化石に関しては権威のある研究報告の発刊や特別展など精力的な地域の博物館として機能しています．また，瑞浪市化石博物館では，標本のみを収蔵・展示しているのではなく，博物館周辺の露頭をセットで保全・活用することで市民への学習効果を高め，また「化石の里」としての町づくりの核となって貢献しています．

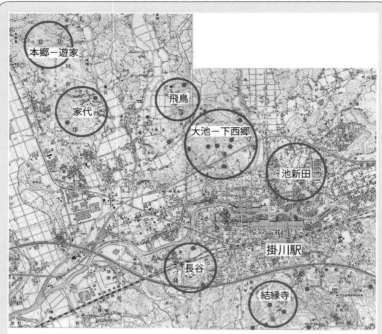

図10-8　掛川層群の地層と化石の保存利用と化石公園の候補地
（柴・延原，2002を一部修正）

掛川市街を中心に7つの化石公園候補（大きな○）を示しました．小さな丸
（●）は化石産地で，そのうち○に数字のあるものは，提出した提案書でその詳
細を示した場所になり，その付近が化石博物館の候補地にもなります．

　掛川市での「化石博物館」または「ビジターセンター」のような施設は，い
くつかの化石公園のうちひとつに設置して，化石公園の管理とともに，化石研
究や標本保存，普及教育活動を行う拠点として整備し，化石や自然研究の専門
家（学芸員）を配置し，掛川層群や掛川市の自然についての世界的な情報セン
ターの役割をもたせることができればと考えます．

図10-9　掛川市水垂の城北小学校の露頭⑤
貝化石密集層を含む砂層が小学校の敷地内にあります．

図10-10　掛川市上西郷の露頭⑦
掛川バイパスの北側の露頭で，貝化石密集層を含み，この砂層はこの周辺にも広く分布します．

図10-11　掛川市飛鳥の露頭⑨
露頭の下部は貝化石密集層を含む砂層で，上部はシルト質砂層で貝化石の散在層があります．

図10-12　掛川市本郷の露頭⑫
全体として20m以上の厚さの浅い海底で堆積した砂層で，下部の白い色の層は貝化石密集層です．

あとがき

　博物館は，本来自然の「モノ」や人類が創造してきた文化としての「モノ」を収集・保管し，研究して展示や教育を系統だって継続して行う複合的な「機関」です．そして，地域にとって博物館はその「モノ」に関して人の集まる場（Community site）です．そのため，「モノ」ない博物館や，「モノ」を収集し保管して研究と教育・展示に活用する「学芸員」のいない博物館は，博物館ではありません．

　学芸員は博物館にとってなくてはならない存在であり，その専門分野と個性，スキルによって博物館の内容と質が決まります．学芸員は，その「モノ」に対しての専門家（研究者）であることはもちろん，教育者であり，地域のその「モノ」に関する活動のリーダーまたはマネージャーでなくてはなりません．そして，博物館資料を永続的に後世に残す使命をもちます．

　このように書くと，博物館の学芸員は大変な仕事をすると思われるかもしれません．しかし，学芸員はもともと自分の興味をもつ「モノ」，好きな「モノ」を集めて，それについて研究し，そこから明らかになったことを，博物館で「モノ」とともに展示して，多くの人にそれを知ってもらおうと努力しています．

　そのことは，自然や文化についての資料を保存し，新たな知識を多くの人に提供するサービスであり，それによって来館者に喜んでいただき，何かを考えていただく機会にしていただけることを，学芸員は最大の喜びに感じています．自分が好きなことをして，それを多くの人々に提供，すなわちサービスすることにより，多くの人々に喜んでもらい，ともに「モノ」について語れる場をつくれる．このことは，学芸員が望んでいるもっとも大切なことです．そして，そのための努力を喜んでできるのが博物館の学芸員であると思います．

　全国の博物館の数は2008年をピークとして，現在その数が減少しています．その原因の多くは，経済的不況の中，配賦予算や運営資金の確保が厳しく，また施設の老朽化も重なり，今や博物館のいくつかは休館，または閉館の危機に瀕しています．身近なところでは，静岡県裾野市は今年（2022年）4月から，世界遺産富士山の自然や歴史を学ぶ市立の富

士山資料館を休館する方針を固めました．その理由は，建物の老朽化や耐震不足も指摘されていて，市の財政立て直しが急務の中で建て替えは困難と判断したということで，今後は所蔵品の保管機能は残し，展示・講座事業は別の公共施設での展開を検討しているそうです．

　地方公共団体の公立博物館の場合，その市町村が属する県単位での資料保存の仕組みができないでしょうか．せっかく各博物館が保管していた資料が，博物館の廃館とともに消失してしまうことは避けたいことです．2005年7月に浜松市とその周辺自治体の12市町村の合併の時に，周辺自治体の5つの資料館が浜松市博物館の分館となり，浜松市博物館でそれらが管理されました．服部（2006）は，「日本の博物館の大半を占める市町村立の歴史・郷土系の博物館はその地域の生活に密着したテーマとネットワーク化を図り，県立などの中央大型館は体験学習や出前講座などの教育活動よりも調査・研究・収集にその力を集中すべきで，大学に替わって貴重な知識庫となる使命をもつべきである．」と述べています．この服部（2006）の述べたような県単位での博物館のネットワークができることにより，市町村立の多くの博物館の資料と活動が保障されると思われます．しかし，それを実現するためには，県単位で県立の人文系及び自然系の博物館の整備が必要であり，各県に県立のそれらの博物館がほとんど整備されていない日本の現状では，文化財と自然財を恒久的に保存するという博物館の使命の理解とその制度の構築には，相当な時間がかかると思われます．

　私の勤めていた東海大学海洋学部博物館は，今年の6月に，海洋科学博物館と自然史博物館の有料入館を今年度限り（2023年3月）で終了すると発表しました．その理由は，施設の老朽化に加え，静岡市が清水区日の出町に海洋文化施設を整備する計画があることが上げられています．新聞報道によれば，有料入館停止後も博物館で研究教育活動が続けられる方向で，市の海洋文化施設に対し学術面でのアドバイスを行い，「レクリエーションの機能はなくなる一方で，今後は学校単位での無料バックヤードツアーなど教育的価値を見いだしたい．」との村山　司館長のコメントがされていました．

　東海大学海洋学部博物館のうちとくに海洋科学博物館は，1970年の開館以来，日本の水族館の飼育や展示，教育活動の発展をリードしてきました．また，この博物館で学んだ海洋学部の学生が全国の水族館や博物

北海道
小樽水族館
サンピアザ水族館
登別マリンパークニクス
足寄動物化石博物館

越前松島水族館
新潟市水族館マリンピア日本海
上越市立水族館博物館
魚津水族館
のとじま臨海公園水族館
いしかわ動物園
蓼科アミューズメント水族館
富士湧水の里水族館

東北
青森県営浅虫水族館
男鹿水族館 GAO
マリンピア松島水族館
ふくしま海洋科学館

北陸・中部

島根県立しまね海洋館
島根県立宍道湖自然館
市立玉野海洋博物館
広島市阿佐動物公園
宮島水族館
マリンピア賀露
島根県立しまね海洋館

中国

城崎マリンワールド
姫路市立水族館
神戸市立須磨海浜水族園
大阪・海遊館
和歌山県立自然博物館
アドベンチャーワールド
すさみ町立エビとカニの水族館
串本海中公園センター
多賀町立博物館

近畿

関東
栃木県なかがわ水族館
アクアワールド茨城県大洗水族館
鴨川シーワールド
さいたま水族館
埼玉県立しぜんの博物館
千葉県立中央博物館
東京都葛西臨海水族園
サンシャイン水族館
すみだ水族館
しながわ水族館
新江ノ島水族館
京急油壺マリンパーク
横浜・八景島シーパラダイス
神奈川県立生命の星・地球博物館

北九州市立いのちのたび博物館
海の中道海洋生態科学館
大分マリーンパレス水族館「うみたまご」
番匠おさかな館
九十九島水族館
長崎ペンギン水族館
かごしま水族館
沖縄美ら海水族館
オキナワマリンリサーチセンター

九州・沖縄

四国
高知県立足摺海洋館
虹の森公園おさかな館

東海
豊橋市立自然史博物館
碧南海浜水族館
南知多ビーチランド
赤塚山公園ぎょぎょランド
竹島水族館
名古屋港水族館
二見シーパラダイス
志摩マリンランド
鳥羽水族館

奇石博物館
富士サファリパーク
あわしまマリンパーク
伊豆三津シーパラダイス
下田中水族館
東海大学海洋科学博物館
東海大学自然史博物館
日本平動物園
浜名湖体験学習施設ウォット
浜名湖今切パーク海滋館

図1　東海大学海洋学部卒業生が活躍する全国の水族館・動物園・博物館
これらの館の在職者には，契約・臨時・アルバイト待遇の職員，社員も含まれます．
データは2015年4月現在のもの（東海大学海洋科学博物館作成）に，追加修正して
ありますが，すべてをカバーしているわけではありません．

館（図1）に就職して，日本の博物館全体の発展にも大きく寄与してい
ます．東海大学海洋学部博物館は，そのような研究・教育の大きな実績
をもつ博物館であるからこそ，今後とも，博物館の公開の形はこれまで
と違っても，地域の発展や日本の博物館の発展に寄与する活動が続けら
れることを期待します．それと同時に，私も東海大学の卒業生及び元職
員のひとりとして協力・支援させていただきたいと思います．

引用文献

青木　豊（1999）：Ⅰ博物館資料の概念，Ⅱ博物館資料の分類．3-104，青木
　　豊ほか編，新版博物館学講座5「博物館資料論」，雄山閣出版，東京．
青島睦治（1991）：博物館の地域調査と普及活動．月刊地球，v. 13, 708-713.
琵琶湖博物館（1997）：琵琶湖博物館開館までのあゆみ．琵琶湖博物館，254p.
千地万造（1978）：4 自然史博物館．159-183，千地万造編著，博物館学講
　　座第5巻「調査・研究と資料の収集」，雄山閣出版，東京．
千地万造（1998）：自然史博物館—人と自然の共生をめざして．八坂書房，東
　　京，253p.
ドラッカー，P. F.（1991）：非営利組織の経営—原理と実践．上田惇生・田代
　　正美訳，ダイヤモンド社，東京，277 p.
ドラッカー，P. F.（2001）：マネジメント【エッセンシャル版】—基本と原則．
　　上田惇生編訳，ダイヤモンド社，東京，302p.
遠藤秀紀（2005）：パンダの死体はよみがえる．ちくま新書520，筑摩書房，
　　東京，218p.
フォーク，J. H.・ディアーキング，R. D.（1996）：博物館体験—学芸員のため
　　の視点．高橋順一訳，雄山閣出版，東京，215 p.
渕田隆義（2009）：博物館・美術館における照明の役割—展示物の保護の視点
　　から（特集 博物館における照明）．博物館研究，v. 44, no. 8, 7-10.
藤原　工（2012）：2.2 光と照明．25-40，石﨑武志編著「博物館資料保存論」，
　　講談社，東京．
福原　修・田中　克（1987）：海産魚類初期生活史研究の手法1—稚仔魚硬組
　　織の染色法．海洋と生物，v. 9, no. 2, 97-99.
Harrison, L. S. (1954): Report on the Deteriorating Effect of Modern Light
　　Sources. Metropolitan Museum of Art, Illuminating Engr., 49 253, (1953).
服部敬史（2006）：博物館二様論—地域博物館の新たな役割．月刊社会教育，
　　no. 613, 5-12.
Haseman, W. D., and A. B. Winston (1977): Introduction to Data Management.
　　Richard D. TRWIN, Inc.［鈴木道夫訳編：新しいデータベース技術］．Bit
　　1980年4月号別冊，共立出版，271p.
印南敏秀（2012）：6. 整理の方法（人文系）．108-110，全国大学博物館学講座
　　協議会西日本部会編「新時代の博物館学」，芙蓉書房出版，東京．
井上　敏（2012）：4.1 地域資源の保存と活用．150-161，石﨑武志編著「博物
　　館資料保存論」，講談社，東京．
石橋忠信・柴　正博（1999a）：博物館におけるホームページの役割．海・
　　人・自然（東海大学博物館研究報告）．no. 1, 81-95.
石橋忠信・柴　正博（1999b）：ホームページ時代のデータベース．博物館研
　　究，v. 34, no. 7, 27-31.
石垣　忍（2007-2008）：石垣　忍の痛切図説ミュージアム．ミューズ，no.
　　81, 32; no. 82, 36; no. 83, 36; no. 84, 34.
石﨑武志（2012）：2.1 温湿度環境．14-24，石﨑武志編著「博物館資料保存
　　論」，講談社，東京．

井島真知（2012）：3. 学芸員の教育的役割．277-278，全国大学博物館学講座協議会西日本部会編「新時代の博物館学」，芙蓉書房出版，東京．

糸魚川淳二（1993）：日本の自然史博物館．東京大学出版会，東京，228p．

伊藤芳英（2018）：小学校の理科教育に資する海洋教育を活用した教育プログラムの開発．海・人・自然（東海大学博物館研究報告），no. 14, 45-63．

蟹江康光（1998）：博物館における研究の重要性，亜深海の貝類を研究素材に—グローバルからローカルへ—．地質ニュース，no. 532, 58-61．

河村功一・細谷和海（1991）：改良二重染色法による魚類透明骨格標本の作製．養殖研研報，no. 20, 11-18．

川崎市青少年科学館（1994）：川崎市自然環境調査報告Ⅲ．川崎市教育委員会．

倉田公裕・矢島國男（1997）：新編博物館学．東京堂出版，東京．408p．

国立科学博物館（2003）：標本学—自然史標本の収集と管理．（国立科学博物館叢書），東海大学出版会，東京，250p．

マックリーン，K.（2003）：博物館をみせる 人々のための展示プランニング．井島真知・芦谷美奈子訳，玉川大学出版部，東京，267p．

真鍋　真・森田利仁・斎藤靖二（1998）：これからの博物館の役割と機能—欧米の自然史博物館の最近の事例に学ぶ—．地質ニュース，no. 532, 14-19．

松岡敬二（1991）：博物館ネットワークの提唱．月刊地球，v. 13, 732-735．

みずほ総合研究所（2019）：平成30年度「博物館ネットワークによる未来へのレガシー継承・発信事業」における「持続的な博物館経営に関する調査」．88p.https://www.mizuho-rt.co.jp/solution/government/policy/city/bc/bdt/pdf/report201903.pdf

みずほ総合研究所（2020）：令和元年度「博物館ネットワークによる未来へのレガシー継承・発信事業」における「博物館の機能強化に関する調査」事業報告書．67p.https://www.mizuho-rt.co.jp/solution/government/policy/city/bc/bdt/pdf/report202003.pdf

みずほ総合研究所（2021）：令和２年度「博物館ネットワークによる未来へのレガシー継承・発信事業」における「博物館の機能強化に関する調査」事業報告書．133p.https://www.mizuho-rt.co.jp/case/research/pdf/museum2020_01.pdf

中島経夫（2011）：参加型調査による資料収集．117-122，八尋克郎・布谷知夫・里口保文編著「博物館でまなぶ 利用と保存の資料論」，東海大学出版会，秦野市．

日本博物館協会（2009）：平成20年度日本の博物館総合調査研究報告．日本博物館協会，200p.https://www.bunka.go.jp/seisaku/bijutsukan_hakubutsukan/shinko/hokoku/h20/1409474.html

日本博物館協会（2017）：平成25年度日本の博物館総合調査報告書．日本博物館協会，137p.https://www.j-muse.or.jp/02program/pdf/H25%20sougoutyousa.pdf

日本民具学会編（1997）：日本民具辞典．ぎょうせい，東京，739p．

野口悠紀雄（1993）：「超」整理法—情報検索と発想の新システム．中公新書，中央公論新社，東京，232 p．

布谷知夫（1997）：利用されることで成長発展する博物館をめざして．滋賀県立琵琶湖博物館．博物館研究，v. 32, no. 2, 31-35．

布谷知夫（2011）：博物館資料とは．9-33，八尋克郎・布谷知夫・里口保文編

　　著「博物館でまなぶ 利用と保存の資料論」，東海大学出版会，秦野市．

大場達之（1985）：神奈川県の植物相を調べる─神奈川県植物誌の編纂─．神奈川県立博物館だより，no. 87, 222-224.

大場達之（1991）：地域自然誌博物館の役割．月刊地球，v. 13, 697-702.

大石雅之・竹谷陽二郎・成田　健（1998）：博物館の現場からみた学芸員のかかえる諸問題．地質ニュース，no. 532：28-34.

岡田晃司（1998）：学芸員の研究って何だ．MUSEUM ちば─千葉県博物館協会研究紀要，no. 29, 2-6.

岡田芳幸（2012）：3. ミュージアムマーケティングと博物館評価．61-63, 全国大学博物館学講座協議会西日本部会編「新時代の博物館学」，芙蓉書房出版，東京．

大阪市立自然史博物館（2007）：標本の作り方─自然を記録に残そう．（大阪市立自然史博物館叢書），東海大学出版会．東京，190p.

呂　俊民（2012）：2.3 室内空気汚染，41-53, 石﨑武志編著「博物館資料保存論」，講談社，東京．

佐久間大輔（2010）：市民とともに良質なコレクションを築くために．科学，v. 80, 415-419.

佐々木彰央・岡　有作（2010）：甲骨魚類の骨格標本作製法．海・人・自然（東海大学博物館研究報告），no. 10, 51-57.

Shiba, M. (1988): Geohistory of the Daiichi-Kashima Seamount and the Middle Cretaceous Eustacy. Sci. Rep. Natural History Museum, Tokai Univ. no.2, 1-69.

柴　正博（1991）：南部フォッサマグナ地域南西部の地質構造─静岡県清水市および庵原郡地域の地質─．地団研専報，no. 40, 1-98.

柴　正博（2001）：Ⅲ 館種別博物館の調査研究 自然史博物館．91-101, 加藤有次ほか編，新版博物館学講座6，「博物館調査研究法」，雄山閣出版，東京．

柴　正博（2004）：「恐竜館」から「自然史博物館」へ．博物館研究，v. 39, no. 12, 25-29.

柴　正博（2007）：自然史博物館の使命．タクサ，日本動物分類学会誌，v. 22, 89-97.

柴　正博（2017）：駿河湾の形成─島弧の大規模隆起と海水準上昇．東海大学出版部，平塚，406p.

柴　正博（2018）：モンゴル・ゴビへ恐竜化石を求めて．東海大学出版部，平塚，152p.

柴　正博（2020）：島嶼固有動物の分布と中期更新世後期以降の海水準上昇．化石研究会会誌，v. 53, 1-17.

柴　正博・石橋忠信（1997）：東海大学社会教育センターにおけるホームページの開設．静岡県博物館協会研究紀要，no.20, 51-60.

柴　正博・石橋忠信（1998）：博物館のデジタル情報とインターネット利用．地学雑誌，v. 107, 809-812.

柴　正博・石橋忠信（1999）：博物館にホームページを！─博物館ホームページ推進研究フォーラムの目的と活動─．博物館研究，v. 34, no. 6, 5-9.

柴　正博・石橋忠信・泰井　良（2001）：静岡県博物館協会インターネット活用研究会の活動．静岡県博物館協会研究紀要，no. 24, 14-23.

柴　正博・延原尊美（2002）：化石ミュージアムをめざして─掛川層群のまちづくり資源として活用法─．掛川市への提案書，26p.

柴田敏隆・太田正道・日浦　勇（1973）：自然史博物館の収集活動．日本博物館協会，東京，293p.

渋川浩一・早川宗志・横山謙二・西岡佑一郎・岸本年郎（2022）：ふじのくに地球環境史ミュージアムにおける自然史標本収集保管活動の現状と課題．東海自然誌，no. 15, 59-72.

静岡県自然学習・研究機能検討会（2002）：静岡県自然学習・研究機能検討会最終報告書．静岡県．

照明学会編（2021）：美術館・博物館の照明技術指針，照明学会，79p.

杉長敬治（2013）：『博物館総合調査』（平成25年度）の基礎データ集．日本学術振興会（JSPS）科学研究費補助金研究成果，基盤（B）課題番号：25282079.http://www.museum-census.jp/data2014/

鈴木克美（2001）：わが国の黎明期水族館史再検討．海・人・自然（東海大学博物館研究報告），no. 3, 1-17.

トフラー，A.（1980）：第三の波，鈴木健次・桜井元雄訳，徳山二郎監修，日本放送出版協会，東京，666p.

東京文化財研究所編（2004）：文化財害虫事典改訂版．クバプロ，東京，231p.

東京文化財研究所編（2009）：文化財害虫カード改訂版．クバプロ，東京．

瓜生由紀（2009）：福井県立歴史博物館の照明計画．博物館研究，v. 44, no. 8, 11-13.

吉田雅之（2009）：今，博物館に必要なこと．文環研レポート，no. 29, 6-8.

博物館法とそれに関連する法令

昭和二十六年法律第二百八十五号
博物館法

（令和四年法律第二十四号による改正）

目次

第一章　総則

（目的）

第一条　この法律は、社会教育法（昭和二十四年法律第二百七号）及び文化芸術基本法（平成十三年法律第百四十八号）の精神に基づき、博物館の設置及び運営に関して必要な事項を定め、その健全な発達を図り、もつて国民の教育、学術及び文化の発展に寄与することを目的とする。

（定義）

第二条　この法律において「博物館」とは、歴史、芸術、民俗、産業、自然科学等に関する資料を収集し、保管（育成を含む。以下同じ。）し、展示して教育的配慮の下に一般公衆の利用に供し、その教養、調査研究、レクリエーション等に資するために必要な事業を行い、併せてこれらの資料に関する調査研究をすることを目的とする機関（社会教育法による公民館及び図書館法（昭和二十五年法律第百十八号）による図書館を除く。）のうち、次章の規定による登録を受けたものをいう。

2　この法律において「公立博物館」とは、地方公共団体又は地方独立行政法人（地方独立行政法人法（平成十五年法律第百十八号）第二条第一項に規定する地方独立行政法人をいう。以下同じ。）の設置する博物館をいう。

3　この法律において「私立博物館」とは、博物館のうち、公立博物館以外のものをいう。

4　この法律において「博物館資料」とは、博物館が収集し、保管し、又は展示する資料（電磁的記録（電子的方式、磁気的方式その他人の知覚によつては認識することができない方式で作られた記録をいう。次条第一項第三号において同じ。）を含む。）をいう。

（博物館の事業）

第三条　博物館は、前条第一項に規定する目的を達成するため、おおむね次に掲げる事業を行う。

　一　実物、標本、模写、模型、文献、図表、写真、フィルム、レコード等の博物館資料を豊富に収集し、保管し、及び展示すること。

　二　分館を設置し、又は博物館資料を当該博物館外で展示すること。

　三　博物館資料に係る電磁的記録を作成し、公開すること。

　四　一般公衆に対して、博物館資料の利用に関し必要な説明、助言、指導等を行い、又は研究室、実験室、工作室、図書室等を設置してこれを利用させること。

　五　博物館資料に関する専門的、技術的な調査研究を行うこと。

　六　博物館資料の保管及び展示等に関する技術的研究を行うこと。

　七　博物館資料に関する案内書、解説書、目録、図録、年報、調査研究の報告書等を作成し、及び頒布すること。

　八　博物館資料に関する講演会、講習会、映写会、研究会等を主催し、及びその開催を援助すること。

　九　当該博物館の所在地又はその周辺

にある文化財保護法（昭和二十五年法律第二百十四号）の適用を受ける文化財について、解説書又は目録を作成する等一般公衆の当該文化財の利用の便を図ること。

十　社会教育における学習の機会を利用して行つた学習の成果を活用して行う教育活動その他の活動の機会を提供し、及びその提供を奨励すること。

十一　学芸員その他の博物館の事業に従事する人材の養成及び研修を行うこと。

十二　学校、図書館、研究所、公民館等の教育、学術又は文化に関する諸施設と協力し、その活動を援助すること。

2　博物館は、前項各号に掲げる事業の充実を図るため、他の博物館、第三十一条第二項に規定する指定施設その他これらに類する施設との間において、資料の相互貸借、職員の交流、刊行物及び情報の交換その他の活動を通じ、相互に連携を図りながら協力するよう努めるものとする。

3　博物館は、第一項各号に掲げる事業の成果を活用するとともに、地方公共団体、学校、社会教育施設その他の関係機関及び民間団体と相互に連携を図りながら協力し、当該博物館が所在する地域における教育、学術及び文化の振興、文化観光（有形又は無形の文化的所産その他の文化に関する資源（以下この項において「文化資源」という。）の観覧、文化資源に関する体験活動その他の活動を通じて文化についての理解を深めることを目的とする観光をいう。）その他の活動の推進を図り、もつて地域の活力の向上に寄与するよう努めるものとする。

（館長、学芸員その他の職員）
第四条　博物館に、館長を置く。
2　館長は、館務を掌理し、所属職員を監督して、博物館の任務の達成に努める。
3　博物館に、専門的職員として学芸員を置く。
4　学芸員は、博物館資料の収集、保管、展示及び調査研究その他これと関連する事業についての専門的事項をつかさどる。

5　博物館に、館長及び学芸員のほか、学芸員補その他の職員を置くことができる。
6　学芸員補は、学芸員の職務を助ける。

（学芸員の資格）
第五条　次の各号のいずれかに該当する者は、学芸員となる資格を有する。

一　学士の学位（学校教育法（昭和二十二年法律第二十六号）第百四条第二項に規定する文部科学大臣の定める学位（専門職大学を卒業した者に対して授与されるものに限る。）を含む。）を有する者で、大学において文部科学省令で定める博物館に関する科目の単位を修得したもの

二　次条各号のいずれかに該当する者で、三年以上学芸員補の職にあつたもの

三　文部科学大臣が、文部科学省令で定めるところにより、前二号に掲げる者と同等以上の学力及び経験を有する者と認めた者

2　前項第二号の学芸員補の職には、官公署、学校又は社会教育施設（博物館の事業に類する事業を行う施設を含む。）における職で、社会教育主事、司書その他の学芸員補の職と同等以上の職として文部科学大臣が指定するものを含むものとする。

（学芸員補の資格）
第六条　次の各号のいずれかに該当する者は、学芸員補となる資格を有する。

一　短期大学士の学位（学校教育法第百四条第二項に規定する文部科学大臣の定める学位（専門職大学を卒業した者に対して授与されるものを除く。）及び同条第六項に規定する文部科学大臣の定める学位を含む。）を有する者で、前条第一項第一号の文部科学省令で定める博物館に関する科目の単位を修得したもの

二　前号に掲げる者と同等以上の学力及び　経験を有する者として文部科学省令で定める者

（館長、学芸員及び学芸員補等の研修）
第七条　文部科学大臣及び都道府県の教育委員会は、館長、学芸員及び学芸員補その他の職員に対し、その資質の向上のために必要な研修を行うよう努めるものとする。

（設置及び運営上望ましい基準）
第八条　文部科学大臣は、博物館の健全な発達を図るために、博物館の設置及び運営上望ましい基準を定め、これを公表するものとする。

（運営の状況に関する評価等）
第九条　博物館は、当該博物館の運営の状況について評価を行うとともに、その結果に基づき博物館の運営の改善を図るため必要な措置を講ずるよう努めなければならない。

（運営の状況に関する情報の提供）
第十条　博物館は、当該博物館の事業に関する地域住民その他の関係者の理解を深めるとともに、これらの者との連携及び協力の推進に資するため、当該博物館の運営の状況に関する情報を積極的に提供するよう努めなければならない。

第二章　登録
（登録）
第十一条　博物館を設置しようとする者は、当該博物館について、当該博物館の所在する都道府県の教育委員会（当該博物館（都道府県が設置するものを除く。）が指定都市（地方自治法（昭和二十二年法律第六十七号）第二百五十二条の十九第一項の指定都市をいう。以下同じ。）の区域内に所在する場合にあつては、当該指定都市の教育委員会。第三十一条第一項第二号を除き、以下同じ。）の登録を受けるものとする。

（登録の申請）
第十二条　前条の登録（以下「登録」という。）を受けようとする者は、都道府県の教育委員会の定めるところにより、

次に掲げる事項を記載した登録申請書を都道府県の教育委員会に提出しなければならない。
一　登録を受けようとする博物館の設置者の名称及び住所
二　登録を受けようとする博物館の名称及び所在地
三　その他都道府県の教育委員会の定める事項
2　前項の登録申請書には、次に掲げる書類を添付しなければならない。
一　館則（博物館の規則のうち、目的、開館日、運営組織その他の博物館の運営上必要な事項を定めたものをいう。）の写し
二　次条第一項各号に掲げる基準に適合していることを証する書類
三　その他都道府県の教育委員会の定める書類

（登録の審査）
第十三条　都道府県の教育委員会は、登録の申請に係る博物館が次の各号のいずれにも該当すると認めるときは、当該博物館の登録をしなければならない。
一　当該申請に係る博物館の設置者が次のイ又はロに掲げる法人のいずれかに該当すること。
イ　地方公共団体又は地方独立行政法人
ロ　次に掲げる要件のいずれにも該当する法人（イに掲げる法人並びに国及び独立行政法人（独立行政法人通則法（平成十一年法律第百三号）第二条第一項に規定する独立行政法人をいう。第三十一条第一項及び第六項において同じ。）を除く。）
（1）　博物館を運営するために必要な経済的基礎を有すること。
（2）　当該申請に係る博物館の運営を担当する役員が博物館を運営するために必要な知識又は経験を有すること。
（3）　当該申請に係る博物館の運営を担当する役員が社会的信望を有すること。
二　当該申請に係る博物館の設置者が、第十九条第一項の規定により登録を取り

消され、その取消しの日から二年を経過しない者でないこと。

　三　博物館資料の収集、保管及び展示並びに博物館資料に関する調査研究を行う体制が、第三条第一項各号に掲げる事業を行うために必要なものとして都道府県の教育委員会の定める基準に適合するものであること。

　四　学芸員その他の職員の配置が、第三条第一項各号に掲げる事業を行うために必要なものとして都道府県の教育委員会の定める基準に適合するものであること。

　五　施設及び設備が、第三条第一項各号に掲げる事業を行うために必要なものとして都道府県の教育委員会の定める基準に適合するものであること。

　六　一年を通じて百五十日以上開館すること。

2　都道府県の教育委員会が前項第三号から第五号までの基準を定めるに当たつては、文部科学省令で定める基準を参酌するものとする。

3　都道府県の教育委員会は、登録を行うときは、あらかじめ、博物館に関し学識経験を有する者の意見を聴かなければならない。

（登録の実施等）
第十四条　登録は、都道府県の教育委員会が、次に掲げる事項を博物館登録原簿に記載してするものとする。

　一　第十二条第一項第一号及び第二号に掲げる事項

　二　登録の年月日

2　都道府県の教育委員会は、登録をしたときは、遅滞なく、その旨を当該登録の申請をした者に通知するとともに、前項各号に掲げる事項をインターネットの利用その他の方法により公表しなければならない。

（変更の届出）
第十五条　博物館の設置者は、第十二条第一項第一号又は第二号に掲げる事項を変更するときは、あらかじめ、その旨を都道府県の教育委員会に届け出なければならない。

2　都道府県の教育委員会は、前項の規定による届出があつたときは、当該届出に係る登録事項の変更登録をするとともに、その旨をインターネットの利用その他の方法により公表しなければならない。

（都道府県の教育委員会への定期報告）
第十六条　博物館の設置者は、当該博物館の運営の状況について、都道府県の教育委員会の定めるところにより、定期的に、都道府県の教育委員会に報告しなければならない。

（報告又は資料の提出）
第十七条　都道府県の教育委員会は、その登録に係る博物館の適正な運営を確保するため必要があると認めるときは、当該博物館の設置者に対し、その運営の状況に関し報告又は資料の提出を求めることができる。

（勧告及び命令）
第十八条　都道府県の教育委員会は、その登録に係る博物館が第十三条第一項各号のいずれかに該当しなくなつたと認めるときは、当該博物館の設置者に対し、必要な措置をとるべきことを勧告することができる。

2　都道府県の教育委員会は、前項の規定による勧告を受けた博物館の設置者が、正当な理由がなくてその勧告に係る措置をとらなかつたときは、当該博物館の設置者に対し、期限を定めて、その勧告に係る措置をとるべきことを命ずることができる。

3　第十三条第三項の規定は、第一項の規定による勧告及び前項の規定による命令について準用する。

（登録の取消し）
第十九条　都道府県の教育委員会は、その登録に係る博物館の設置者が次の各号のいずれかに該当するときは、当該博物館の登録を取り消すことができる。

一　偽りその他不正の手段により登録を受けたとき。

二　第十五条第一項の規定による届出をせず、又は虚偽の届出をしたとき。

三　第十六条の規定に違反したとき。

四　第十七条の報告若しくは資料の提出をせず、又は虚偽の報告若しくは資料の提出をしたとき。

五　前条第二項の規定による命令に違反したとき。

2　第十三条第三項の規定は、前項の規定による登録の取消しについて準用する。

3　都道府県の教育委員会は、第一項の規定により登録の取消しをしたときは、速やかにその旨を、当該登録に係る博物館の設置者に対し通知するとともに、インターネットの利用その他の方法により公表しなければならない。

（博物館の廃止）

第二十条　博物館の設置者は、博物館を廃止したときは、速やかにその旨を都道府県の教育委員会に届け出なければならない。

2　都道府県の教育委員会は、前項の規定による届出があつたときは、当該届出に係る博物館の登録を抹消するとともに、その旨をインターネットの利用その他の方法により公表しなければならない。

（都道府県又は指定都市の設置する博物館に関する特例）

第二十一条　第十五条第一項、第十六条から第十八条まで及び前条第一項の規定は、都道府県又は指定都市の設置する博物館については、適用しない。

2　都道府県又は指定都市の設置する博物館についての第十五条第二項、第十九条第一項及び第三項並びに前条第二項の規定の適用については、第十五条第二項中「前項の規定による届出があつたときは、当該届出に係る登録事項」とあるのは「その設置する博物館について第十二条第一項第一号又は第二号に掲げる事項に変更があるときは、当該事項」と、第十九条第一項中「登録に係る博物館の設置者が次の各号のいずれかに該当する」とあるのは「設置する博物館が第十三条第一項第三号から第六号までのいずれかに該当しなくなつたと認める」と、同条第三項中「その旨を、当該登録に係る博物館の設置者に対し通知するとともに、」とあるのは「その旨を」と、前条第二項中「前項の規定による届出があつたときは、当該届出に係る」とあるのは「その設置する博物館を廃止したときは、当該」とする。

（規則への委任）

第二十二条　この章に定めるものを除くほか、博物館の登録に関し必要な事項は、都道府県の教育委員会の規則で定める。

第三章　公立博物館

（博物館協議会）

第二十三条　公立博物館に、博物館協議会を置くことができる。

2　博物館協議会は、博物館の運営に関し館長の諮問に応ずるとともに、館長に対して意見を述べる機関とする。

第二十四条　博物館協議会の委員は、地方公共団体の設置する博物館にあつては当該博物館を設置する地方公共団体の教育委員会（地方教育行政の組織及び運営に関する法律（昭和三十一年法律第百六十二号）第二十三条第一項の条例の定めるところにより地方公共団体の長が当該博物館の設置、管理及び廃止に関する事務を管理し、及び執行することとされている場合にあつては、当該地方公共団体の長）が、地方独立行政法人の設置する博物館にあつては当該地方独立行政法人の理事長がそれぞれ任命する。

第二十五条　博物館協議会の設置、その委員の任命の基準、定数及び任期その他博物館協議会に関し必要な事項は、地方公共団体の設置する博物館にあつては当該博物館を設置する地方公共団体の条例で、地方独立行政法人の設置する博物館にあつては当該地方独立行政法人の規程

でそれぞれ定めなければならない。この場合において、委員の任命の基準については、文部科学省令で定める基準を参酌するものとする。

（入館料等）
第二十六条　公立博物館は、入館料その他博物館資料の利用に対する対価を徴収してはならない。ただし、博物館の維持運営のためにやむを得ない事情のある場合は、必要な対価を徴収することができる。

（博物館の補助）
第二十七条　国は、博物館を設置する地方公共団体又は地方独立行政法人に対し、予算の範囲内において、博物館の施設、設備に要する経費その他必要な経費の一部を補助することができる。
2　前項の補助金の交付に関し必要な事項は、政令で定める。

（補助金の交付中止及び補助金の返還）
第二十八条　国は、博物館を設置する地方公共団体又は地方独立行政法人に対し前条の規定による補助金の交付をした場合において、次の各号のいずれかに該当するときは、当該年度におけるその後の補助金の交付をやめるとともに、第一号の場合の取消しが第十九条第一項第一号に該当することによるものである場合には、既に交付した補助金を、第三号又は第四号に該当する場合には、既に交付した当該年度の補助金を返還させなければならない。
一　当該博物館について、第十九条第一項の規定による登録の取消しがあつたとき。
二　地方公共団体又は地方独立行政法人が当該博物館を廃止したとき。
三　地方公共団体又は地方独立行政法人が補助金の交付の条件に違反したとき。
四　地方公共団体又は地方独立行政法人が虚偽の方法で補助金の交付を受けたとき。

第四章　私立博物館
（都道府県の教育委員会との関係）
第二十九条　都道府県の教育委員会は、博物館に関する指導資料の作成及び調査研究のために、私立博物館に対し必要な報告を求めることができる。
2　都道府県の教育委員会は、私立博物館に対し、その求めに応じて、私立博物館の設置及び運営に関して、専門的、技術的な指導又は助言を与えることができる。

（国及び地方公共団体との関係）
第三十条　国及び地方公共団体は、私立博物館に対し、その求めに応じて、必要な物資の確保につき援助を与えることができる。

第五章　博物館に相当する施設
第三十一条　次の各号に掲げる者は、文部科学省令で定めるところにより、博物館の事業に類する事業を行う施設であつて当該各号に定めるものを、博物館に相当する施設として指定することができる。
一　文部科学大臣　国又は独立行政法人が設置するもの
二　都道府県の教育委員会　国及び独立行政法人以外の者が設置するもののうち、当該都道府県の区域内に所在するもの（指定都市の区域内に所在するもの（都道府県が設置するものを除く。）を除く。）
三　指定都市の教育委員会　国、独立行政法人及び都道府県以外の者が設置するもののうち、当該指定都市の区域内に所在するもの
2　前項の規定による指定をした者は、当該指定をした施設（以下この条において「指定施設」という。）が博物館の事業に類する事業を行う施設に該当しなくなつたと認めるときその他の文部科学省令で定める事由に該当するときは、文部科学省令で定めるところにより、当該指定施設についての前項の規定による指定を取り消すことができる。
3　第一項の規定による指定をした者は、

当該指定をしたとき又は前項の規定による指定の取消しをしたときは、その旨をインターネットの利用その他の方法により公表しなければならない。

4　第一項の規定による指定をした者は、指定施設の設置者に対し、その求めに応じて、当該指定施設の運営に関して、専門的、技術的な指導又は助言を与えることができる。

5　指定施設は、その事業を行うに当つては、第三条第二項及び第三項の規定の趣旨を踏まえ、博物館、他の指定施設、地方公共団体、学校、社会教育施設その他の関係機関及び民間団体と相互に連携を図りながら協力するよう努めるものとする。

6　国又は独立行政法人が設置する指定施設は、博物館及び他の指定施設における公開の用に供するための資料の貸出し、職員の研修の実施その他の博物館及び他の指定施設の事業の充実のために必要な協力を行うよう努めるものとする。

附　則　（令和四年四月一五日法律第二四号）　抄
（施行期日）
第一条　この法律は、令和五年四月一日から施行する。ただし、附則第三条の規定は、公布の日から施行する。

（経過処置）
第二条　この法律の施行の際現に学芸員となる資格を有する者は、この法律による改正後の博物館法（以下この条において「新博物館法」という。）第五条に規定する学芸員となる資格を有する者とみなす。

2　この法律の施行の際現に博物館において学芸員補の職にある者は、新博物館法第六条の規定にかかわらず、この法律の施行の日（次項及び第四項において「施行日」という。）以後も引き続き当該博物館において、学芸員補となる資格を有する者としてその職にあることができる。

3　施行日前にされたこの法律による改正前の博物館法（次項及び第六項において「旧博物館法」という。）第十一条の登録の申請であって、この法律の施行の際、まだその登録をするかどうかの処分がされていないものについての登録の処分については、なお従前の例による。

4　この法律の施行の際現に旧博物館法第十条の登録を受けている又は施行日以後に前項の規定によりなお従前の例によることとされる同条の登録を受ける博物館は、施行日から起算して五年を経過する日までの間は、新博物館法第十一条の登録を受けたものとみなす。当該博物館の設置者がその期間内に同条の登録の申請をした場合において、その期間を経過したときは、その申請について登録をするかどうかの処分がある日までの間も、同様とする。

5　前項の規定により新博物館法第十一条の登録を受けたものとみなされる博物館が同条の登録を受けるまでの間における当該博物館についての新博物館法第十八条第一項及び第二十一条第二項の規定の適用については、新博物館法第十八条第一項中「第十三条第一項各号」とあり、及び新博物館法第二十一条第二項中「第十三条第一項第三号から第六号まで」とあるのは、「博物館法の一部を改正する法律（令和四年法律第二十四号）による改正前の第十二条各号」とする。

6　この法律の施行の際現に旧博物館法第二十九条の指定を受けている施設は、新博物館法第三十一条第一項の指定を受けたものとみなす。

（政令への委任）
第三条　前条に定めるもののほか、この法律の施行に関し必要な経過措置は、政令で定める。

その他附則（省略）

昭和三十年文部省令第二十四号
博物館法施行規則

施行日：令和二年七月一日
（令和元年文部科学省令第九号による改正）
博物館法（昭和二十六年法律第二百八十五号）第五条及び第二十九条の規定に基き、博物館法施行規則（昭和二十七年文部省令第十一号）の全部を改正する省令を次のように定める。

目次
第一章　博物館に関する科目の単位（第一条・第二条）
第二章　学芸員の資格認定（第三条―第十七条）
第三章　博物館協議会の委員の任命の基準を条例で定めるに当たつて参酌すべき基準（第十八条）
第四章　博物館に相当する施設の指定（第十九条―第二十四条）
第五章　雑則（第二十五条―第二十九条）
附則

第一章　博物館に関する科目の単位
（博物館に関する科目の単位）
第一条　博物館法（昭和二十六年法律第二百八十五号。以下「法」という。）第五条第一項第一号に規定する博物館に関する科目の単位は、次の表に掲げるものとする。

科目	単位数
生涯学習概論	二
博物館概論	二
博物館経営論	二
博物館資料論	二
博物館資料保存論	二
博物館展示論	二
博物館教育論	二
博物館情報・メディア論	二
博物館実習	三

2　博物館に関する科目の単位のうち、すでに大学において修得した科目の単位又は第六条第三項に規定する試験科目について合格点を得ている科目は、これをもつて、前項の規定により修得すべき科目の単位に替えることができる。

（博物館実習）
第二条　前条に掲げる博物館実習は、博物館（法第二条第一項に規定する博物館をいう。以下同じ。）又は法第二十九条の規定に基づき文部科学大臣若しくは都道府県若しくは指定都市（地方自治法（昭和二十二年法律第六十七号）第二百五十二条の十九第一項の指定都市をいう。以下同じ。）の教育委員会の指定した博物館に相当する施設（大学においてこれに準ずると認めた施設を含む。）における実習により修得するものとする。
2　博物館実習には、大学における博物館実習に係る事前及び事後の指導を含むものとする。

第二章　学芸員の資格認定
（資格認定）
第三条　法第五条第一項第三号の規定により学芸員となる資格を有する者と同等以上の学力及び経験を有する者と認められる者は、この章に定める試験認定又は審査認定（以下「資格認定」という。）の合格者とする。

（資格認定の施行期日等）
第四条　資格認定は、毎年少なくとも各一回、文部科学大臣が行う。
2　資格認定の施行期日、場所及び出願の期限等は、あらかじめ、官報で公告する。ただし、特別の事情がある場合には、適宜な方法によつて公示するものとする。

（試験認定の受験資格）
第五条　次の各号のいずれかに該当する者は、試験認定を受けることができる。
　一　学士の学位（学位規則（昭和二十八年文部省令第九号）第二条の二の表に規定する専門職大学を卒業した者に授与する学位を含む。第九条第三号イにおいて同じ。）を有する者
　二　大学に二年以上在学して六十二単

位以上を修得した者で二年以上学芸員補の職（法第五条第二項に規定する職を含む。以下同じ。）にあつた者

三　教育職員免許法（昭和二十四年法律第百四十七号）第二条第一項に規定する教育職員の普通免許状を有し、二年以上教育職員の職にあつた者

四　四年以上学芸員補の職にあつた者

五　その他文部科学大臣が前各号に掲げる者と同等以上の資格を有すると認めた者

（試験認定の方法及び試験科目）

第六条　試験認定は、大学卒業の程度において、筆記の方法により行う。

2　試験認定は、二回以上にわたり、それぞれ一以上の試験科目について受けることができる。

3　試験科目は、次表に定めるとおりとする。

試験科目	試験認定の必要科目
必須科目	生涯学習概論
	博物館概論
	博物館経営論
	博物館資料論
	博物館資料保存論
	博物館展示論
	博物館教育論
	博物館情報・メディア論
	上記科目の全科目
選択科目	文化史
	美術史
	考古学
	民俗学
	自然科学史
	物理
	化学
	生物学
	地学
	上記科目のうちから受験者の選択する二科目

（試験科目の免除）

第七条　大学において前条に規定する試験科目に相当する科目の単位を修得した者又は文部科学大臣が別に定めるところにより前条に規定する試験科目に相当する学修を修了した者に対しては、その願い出により、当該科目についての試験を免除する。

第八条　削除

（審査認定の受験資格）

第九条　次の各号のいずれかに該当する者は、審査認定を受けることができる。

一　学位規則による修士若しくは博士の学位又は専門職学位を有する者であつて、二年以上学芸員補の職にあつた者

二　大学において博物館に関する科目（生涯学習概論を除く。）に関し二年以上教授、准教授、助教又は講師の職にあつた者であつて、二年以上学芸員補の職にあつた者

三　次のいずれかに該当する者であつて、都道府県の教育委員会の推薦する者

イ　学士の学位を有する者であつて、四年以上学芸員補の職にあつた者

ロ　大学に二年以上在学し、六十二単位以上を修得した者であつて、六年以上学芸員補の職にあつた者

ハ　学校教育法（昭和二十二年法律第二十六号）第九十条第一項の規定により大学に入学することのできる者であつて、八年以上学芸員補の職にあつた者

ニ　その他十一年以上学芸員補の職にあつた者

四　その他文部科学大臣が前各号に掲げる者と同等以上の資格を有すると認めた者

（審査認定の方法）

第十条　審査認定は、次条の規定により願い出た者について、博物館に関する学識及び業績を審査して行うものとする。

（受験の手続）

第十一条　資格認定を受けようとする者は、受験願書（別記第一号様式により作成したもの）に次に掲げる書類等を添えて、文部科学大臣に願い出なければならない。この場合において、住民基本台帳法（昭和四十二年法律第八十一号）第三

十条の九の規定により機構保存本人確認情報（同法第七条第八号の二に規定する個人番号を除く。）の提供を受けて文部科学大臣が資格認定を受けようとする者の氏名、生年月日及び住所を確認することができるときは、第三号に掲げる住民票の写しを添付することを要しない。

　一　受験資格を証明する書類

　二　履歴書（別記第二号様式により作成したもの）

　三　戸籍抄本又は住民票の写し（いずれも出願前六月以内に交付を受けたもの）

　四　写真（出願前六月以内に撮影した無帽かつ正面上半身のもの）

2　前項に掲げる書類は、やむを得ない事由があると文部科学大臣が特に認めた場合においては、他の証明書をもつて代えることができる。

3　第七条の規定に基づき試験認定の試験科目の免除を願い出る者については、その免除を受ける資格を証明する書類を提出しなければならない。

4　審査認定を願い出る者については、第一項各号に掲げるもののほか、次に掲げる資料又は書類を提出しなければならない。

　一　第九条第一号又は同条第二号により出願する者にあつては、博物館に関する著書、論文、報告等

　二　第九条第三号により出願する者にあつては、博物館に関する著書、論文、報告等又は博物館に関する顕著な実績を証明する書類

　三　第九条第四号により出願する者にあつては、前二号に準ずる資料又は書類

（試験認定合格者）

第十二条　試験科目（試験科目の免除を受けた者については、その免除を受けた科目を除く。）の全部について合格点を得た者（試験科目の全部について試験の免除を受けた者を含む。以下「筆記試験合格者」という。）であつて、一年間学芸員補の職にあつた後に文部科学大臣が認定した者を試験認定合格者とする。

2　筆記試験合格者が試験認定合格者に

なるためには、試験認定合格申請書（別記第三号様式によるもの）を文部科学大臣に提出しなければならない。

（審査認定合格者）

第十三条　第十条の規定による審査に合格した者を審査認定合格者とする。

（合格証書の授与等）

第十四条　試験認定合格者及び審査認定合格者に対しては、合格証書（別記第四号様式によるもの）を授与する。

2　筆記試験合格者に対しては、筆記試験合格証書（別記第五号様式によるもの）を授与する。

3　合格証書を有する者が、その氏名を変更し、又は合格証書を破損し、若しくは紛失した場合において、その事由をしるして願い出たときは、合格証書を書き換え又は再交付する。

（合格証明書の交付等）

第十五条　試験認定合格者又は審査認定合格者が、その合格の証明を願い出たときは、合格証明書（別記第六号様式によるもの）を交付する。

2　筆記試験合格者が、その合格の証明を申請したときは、筆記試験合格証明書（別記第七号様式によるもの）を交付する。

3　一以上の試験科目について合格点を得た者（筆記試験合格者を除く。次条及び第十七条において「筆記試験科目合格者」という。）がその科目合格の証明を願い出たときは、筆記試験科目合格証明書（別記第八号様式によるもの）を交付する。

（手数料）

第十六条　次表の上欄に掲げる者は、それぞれその下欄に掲げる額の手数料を納付しなければならない。

一　試験認定を願い出る者	
	一科目につき千三百円
二　審査認定を願い出る者	
	三千八百円

三　試験認定の試験科目の全部について免除を願い出る者　　　　八百円

四　合格証書の書換え又は再交付を願い出る者　　　　七百円

五　合格証明書の交付を願い出る者　　　　　七百円

六　筆記試験合格証明書の交付を願い出る者　　　　七百円

七　筆記試験科目合格証明書の交付を願い出る者　　　　七百円

2　前項の規定によつて納付すべき手数料は、収入印紙を用い、収入印紙は、各願書にはるものとする。ただし、行政手続等における情報通信の技術の利用に関する法律（平成十四年法律第百五十一号）第三条第一項の規定により申請等を行つた場合は、当該申請等により得られた納付情報により手数料を納付しなければならない。

3　納付した手数料は、これを返還しない。

（不正の行為を行つた者等に対する処分）
第十七条　虚偽若しくは不正の方法により資格認定を受け、又は資格認定を受けるにあたり不正の行為を行つた者に対しては、受験を停止し、既に受けた資格認定の成績を無効にするとともに、期間を定めてその後の資格認定を受けさせないことができる。

2　試験認定合格者、審査認定合格者、筆記試験合格者又は筆記試験科目合格者について前項の事実があつたことが明らかになつたときは、その合格を無効にするとともに、既に授与し、又は交付した合格証書その他当該合格を証明する書類を取り上げ、かつ、期間を定めてその後の資格認定を受けさせないことができる。

3　前二項の処分をしたときは、処分を受けた者の氏名及び住所を官報に公告する。

第三章　博物館協議会の委員の任命の基準を条例で定めるに当たつて参酌すべき基準
第十八条　法第二十二条の文部科学省令で定める基準は、学校教育及び社会教育の関係者、家庭教育の向上に資する活動を行う者並びに学識経験のある者の中から任命することとする。

第四章　博物館に相当する施設の指定
（申請の手続）
第十九条　法第二十九条の規定により博物館に相当する施設として文部科学大臣又は都道府県若しくは指定都市の教育委員会の指定を受けようとする場合は、博物館相当施設指定申請書（別記第九号様式により作成したもの）に次に掲げる書類等を添えて、国立の施設にあつては当該施設の長が、独立行政法人（独立行政法人通則法（平成十一年法律第百三号）第二条第一項に規定する独立行政法人をいう。第二十一条において同じ。）が設置する施設にあつては当該独立行政法人の長が文部科学大臣に、都道府県又は指定都市が設置する施設にあつては当該施設の長（大学に附属する施設にあつては当該大学の長）が、その他の施設にあつては当該施設を設置する者（大学に附属する施設にあつては当該大学の長）が当該施設の所在する都道府県の教育委員会（当該施設（都道府県が設置するものを除く。）が指定都市の区域内に所在する場合にあつては、当該指定都市の教育委員会。第二十一条において同じ。）に、それぞれ提出しなければならない。

一　当該施設の有する資料の目録

二　直接当該施設の用に供する建物及び土地の面積を記載した書面及び図面

三　当該年度における事業計画書及び予算の収支の見積に関する書類

四　当該施設の長及び学芸員に相当する職員の氏名を記載した書類

（指定要件の審査）
第二十条　文部科学大臣又は都道府県若しくは指定都市の教育委員会は、博物館に相当する施設として指定しようとするときは、申請に係る施設が、次の各号に掲げる要件を備えているかどうかを審査するものとする。

一　博物館の事業に類する事業を達成するために必要な資料を整備していること。

二　博物館の事業に類する事業を達成するために必要な専用の施設及び設備を有すること。

三　学芸員に相当する職員がいること。

四　一般公衆の利用のために当該施設及び設備を公開すること。

五　一年を通じて百日以上開館すること。

2　前項に規定する指定の審査に当つては、必要に応じて当該施設の実地について審査するものとする。

（報告）

第二十一条　文部科学大臣又は都道府県若しくは指定都市の教育委員会の指定する博物館に相当する施設（以下「博物館相当施設」という。）が第二十条第一項に規定する要件を欠くに至つたときは、直ちにその旨を、国立の施設にあつては当該施設の長が、独立行政法人が設置する施設にあつては当該独立行政法人の長が文部科学大臣に、都道府県又は指定都市が設置する施設にあつては当該施設の長（大学に附属する施設にあつては当該大学の長）が、その他の施設にあつては当該施設を設置する者（大学に附属する施設にあつては当該大学の長）が当該施設の所在する都道府県の教育委員会に、それぞれ報告しなければならない。

第二十二条　削除

第二十三条　文部科学大臣又は都道府県若しくは指定都市の教育委員会は、その指定した博物館相当施設に対し、第二十条第一項に規定する要件に関し、必要な報告を求めることができる。

（指定の取消）

第二十四条　文部科学大臣又は都道府県若しくは指定都市の教育委員会は、その指定した博物館相当施設が第二十条第一項に規定する要件を欠くに至つたものと認めたとき、又は虚偽の申請に基づいて指定した事実を発見したときは、当該指定を取り消すものとする。

第五章　雑則

（学士の学位を有する者と同等以上の学力があると認められる者）

第二十五条　第五条第一号及び第九条第三号イに規定する学士の学位を有する者には、次に掲げる者を含むものとする。

一　旧大学令（大正七年勅令第三百八十八号）による学士の称号を有する者

二　学校教育法施行規則（昭和二十二年文部省令第十一号）第百五十五条第一項第二号から第八号までのいずれかに該当する者

（短期大学士の学位を有する者と同等以上の学力があると認められる者）

第二十六条　第五条第二号及び第九条第三号ロに規定する大学に二年以上在学し、六十二単位以上を修得した者には、次に掲げる者を含むものとする。

一　旧大学令、旧高等学校令（大正七年勅令第三百八十九号）、旧専門学校令（明治三十六年勅令第六十一号）又は旧教員養成諸学校官制（昭和二十一年勅令第二百八号）の規定による大学予科、高等学校高等科、専門学校又は教員養成諸学校を修了し、又は卒業した者

二　学校教育法施行規則第百五十五条第二項各号のいずれかに該当する者

（修士の学位を有する者と同等以上の学力があると認められる者）

第二十七条　第九条第一号に規定する修士の学位を有する者には、学校教育法施行規則第百五十六条各号のいずれかに該当する者を含むものとする。

（博士の学位を有する者と同等以上の学力があると認められる者）

第二十八条　第九条第一号に規定する博士の学位を有する者には、次に掲げる者を含むものとする。

一　旧学位令（大正九年勅令第二百号）による博士の称号を有する者

二　外国において博士の学位に相当す

る学位を授与された者

（専門職学位を有する者と同等以上の学力があると認められる者）
第二十九条　第九条第一号に規定する専門職学位を有する者には、外国において専門職学位に相当する学位を授与された者を含むものとする。

附　則　（省　略）

博物館の設置及び運営上の望ましい基準

(平成23年12月20日文部科学省告示
第165号)

（趣旨）
第一条　この基準は、博物館法（昭和二十六年法律第二百八十五号）第八条の規定に基づく博物館の設置及び運営上の望ましい基準であり、博物館の健全な発達を図ることを目的とする。
2　博物館は、この基準に基づき、博物館の水準の維持及び向上を図り、もって教育、学術及び文化の発展並びに地域の活性化に貢献するよう努めるものとする。

（博物館の設置等）
第二条　都道府県は、博物館を設置し、歴史、芸術、民俗、産業、自然科学等多様な分野にわたる資料（電磁的記録を含む。以下同じ。）を扱うよう努めるものとする。
2　市（特別区を含む。以下同じ。）町村は、その規模及び能力に応じて、単独で又は他の市町村と共同して、博物館を設置するよう努めるものとする。
3　博物館の設置者が、地方自治法（昭和二十二年法律第六十七号）第二百四十四条の二第三項の規定により同項に規定する指定管理者に当該博物館の管理を行わせる場合その他当該博物館の管理を他の者に行わせる場合には、これらの設置者及び管理者は相互の緊密な連携の下に、当該博物館の事業の継続的かつ安定的な実施の確保、事業の水準の維持及び向上を図りながら、この基準に定められた事項の実施に努めるものとする。

（基本的運営方針及び事業計画）
第三条　博物館は、その設置の目的を踏まえ、資料の収集・保管・展示、調査研究、教育普及活動等の実施に関する基本的な運営の方針（以下「基本的運営方針」という。）を策定し、公表するよう努めるものとする。

2　博物館は、基本的運営方針を踏まえ、事業年度ごとに、その事業年度の事業計画を策定し、公表するよう努めるものとする。
3　博物館は、基本的運営方針及び前項の事業計画の策定に当たっては、利用者及び地域住民の要望並びに社会の要請に十分留意するものとする。

（運営の状況に関する点検及び評価等）
第四条　博物館は、基本的運営方針に基づいた運営がなされることを確保し、その事業の水準の向上を図るため、各年度の事業計画の達成状況その他の運営の状況について、自ら点検及び評価を行うよう努めるものとする。
2　博物館は、前項の点検及び評価のほか、当該博物館の運営体制の整備の状況に応じ、博物館協議会の活用その他の方法により、学校教育又は社会教育の関係者、家庭教育の向上に資する活動を行う者、当該博物館の事業に関して学識経験のある者、当該博物館の利用者、地域住民その他の者による評価を行うよう努めるものとする。
3　博物館は、前二項の点検及び評価の結果に基づき、当該博物館の運営の改善を図るため必要な措置を講ずるよう努めるものとする。
4　博物館は、第一項及び第二項の点検及び評価の結果並びに前項の措置の内容について、インターネットその他の高度情報通信ネットワーク（以下「インターネット等」という。）を活用すること等により、積極的に公表するよう努めるものとする。

（資料の収集、保管、展示等）
第五条　博物館は、実物、標本、文献、図表、フィルム、レコード等の資料（以下「実物等資料」という。）について、その所在等の調査研究を行い、当該実物等資料に係る学術研究の状況、地域における当該実物等資料の所在状況及び当該実物等資料の展示上の効果等を考慮して、

226

基本的運営方針に基づき、必要な数を体系的に収集し、保管（育成及び現地保存を含む。以下同じ。）し、及び展示するものとする。

2　博物館は、実物等資料について、その収集若しくは保管が困難な場合、その展示のために教育的配慮が必要な場合又はその館外への貸出し若しくは持出しが困難な場合には、必要に応じて、実物等資料を複製、模造若しくは模写した資料又は実物等資料に係る模型（以下「複製等資料」という。）を収集し、又は製作し、当該博物館の内外で活用するものとする。その際、著作権法（昭和四十五年法律第四十八号）その他の法令に規定する権利を侵害することのないよう留意するものとする。

3　博物館は、実物等資料及び複製等資料（以下「博物館資料」という。）に関する図書、文献、調査資料その他必要な資料（以下「図書等」という。）の収集、保管及び活用に努めるものとする。

4　博物館は、その所蔵する博物館資料の補修及び更新等に努めるものとする。

5　博物館は、当該博物館の適切な管理及び運営のため、その所蔵する博物館資料及び図書等に関する情報の体系的な整理に努めるものとする。

6　博物館は、当該博物館が休止又は廃止となる場合には、その所蔵する博物館資料及び図書等を他の博物館に譲渡すること等により、当該博物館資料及び図書等が適切に保管、活用されるよう努めるものとする。

（展示方法等）
第六条　博物館は、基本的運営方針に基づき、その所蔵する博物館資料による常設的な展示を行い、又は特定の主題に基づき、その所蔵する博物館資料若しくは臨時に他の博物館等から借り受けた博物館資料による特別の展示を行うものとする。

2　博物館は、博物館資料を展示するに当たっては、当該博物館の実施する事業及び関連する学術研究等に対する利用者の関心を深め、当該博物館資料に関する知識の啓発に資するため、次に掲げる事項に留意するものとする。

一　確実な情報及び研究に基づく正確な資料を用いること。

二　展示の効果を上げるため、博物館資料の特性に応じた展示方法を工夫し、図書等又は音声、映像等を活用すること。

三　前項の常設的な展示について、必要に応じて、計画的な展示の更新を行うこと。

（調査研究）
第七条　博物館は、博物館資料の収集、保管及び展示等の活動を効果的に行うため、単独で又は他の博物館、研究機関等と共同すること等により、基本的運営方針に基づき、博物館資料に関する専門的、技術的な調査研究並びに博物館資料の保管及び展示等の方法に関する技術的研究その他の調査研究を行うよう努めるものとする。

（学習機会の提供等）
第八条　博物館は、利用者の学習活動又は調査研究に資するため、次に掲げる業務を実施するものとする。

一　博物館資料に関する各種の講演会、研究会、説明会等（児童又は生徒を対象として体験活動その他の学習活動を行わせる催しを含む。以下「講演会等」という。）の開催、館外巡回展示の実施等の方法により学習機会を提供すること。

二　学校教育及び社会教育における博物館資料の利用その他博物館の利用に関し、学校の教職員及び社会教育指導者に対して適切な利用方法に関する助言その他の協力を行うこと。

三　利用者からの求めに応じ、博物館資料に係る説明又は助言を行うこと。

（情報の提供等）
第九条　博物館は、当該博物館の利用の便宜若しくは利用機会の拡大又は第七条の調査研究の成果の普及を図るため、次に掲げる業務を実施するものとする。

一　実施する事業の内容又は博物館資料に関する案内書、パンフレット、目録、図録等を作成するとともに、これらを閲覧に供し、頒布すること。

二　博物館資料に関する解説書、年報、調査研究の報告書等を作成するとともに、これらを閲覧に供し、頒布すること。

2　前項の業務を実施するに当たっては、インターネット等を積極的に活用するよう努めるものとする。

（利用者に対応したサービスの提供）

第十条　博物館は、事業を実施するに当たっては、高齢者、障害者、乳幼児の保護者、外国人その他特に配慮を必要とする者が当該事業を円滑に利用できるよう、介助を行う者の配置による支援、館内におけるベビーカーの貸与、外国語による解説資料等の作成及び頒布その他のサービスの提供に努めるものとする。

2　博物館は、当該博物館の特性を踏まえつつ、当該博物館の実施する事業及び関連する学術研究等に対する青少年の関心と理解を深めるため、青少年向けの解説資料等の作成及び頒布その他のサービスの提供に努めるものとする。

（学校、家庭及び地域社会との連携等）

第十一条　博物館は、事業を実施するに当たっては、学校、当該博物館と異なる種類の博物館資料を所蔵する博物館等の他の博物館、公民館、図書館等の社会教育施設その他これらに類する施設、社会教育関係団体、関係行政機関、社会教育に関する事業を行う法人、民間事業者等との緊密な連携、協力に努めるものとする。

2　博物館は、その実施する事業において、利用者及び地域住民等の学習の成果に基づく知識及び技能を生かすことができるよう、これらの者に対し、展示資料の解説、講演会等に係る企画又は実施業務の補助、博物館資料の調査又は整理その他の活動の機会の提供に努めるものとする。

（開館日等）

第十二条　博物館は、開館日及び開館時間の設定に当たっては、利用者の要望、地域の実情、博物館資料の特性、展示の更新に係る所要日数等を勘案し、日曜日その他の一般の休日における開館、夜間における開館その他の方法により、利用者の利用の便宜を図るよう努めるものとする。

（職員）

第十三条　博物館に、館長を置くとともに、基本的運営方針に基づき適切に事業を実施するために必要な数の学芸員を置くものとする。

2　博物館に、前項に規定する職員のほか、事務及び技能的業務に従事する職員を置くものとする。

3　博物館は、基本的運営方針に基づきその事業を効率的かつ効果的に実施するため、博物館資料の収集、保管又は展示に係る業務、調査研究に係る業務、学習機会の提供に係る業務その他の業務を担当する各職員の専門的な能力が適切に培われ又は専門的な能力を有する職員が適切に各業務を担当する者として配置されるよう、各業務の分担の在り方、専任の職員の配置の在り方、効果的な複数の業務の兼務の在り方等について適宜、適切な見直しを行い、その運営体制の整備に努めるものとする。

（職員の研修）

第十四条　都道府県の教育委員会は、当該都道府県内の博物館の館長、学芸員その他職員の能力及び資質の向上を図るために、研修の機会の充実に努めるものとする。

2　博物館は、その職員を、前項の規定に基づき都道府県教育委員会が主催する研修その他必要な研修に参加させるよう努めるものとする。

（施設及び設備）

第十五条　博物館は、次の各号に掲げる施設及び設備その他の当該博物館の目的

を達成するために必要な施設及び設備を備えるよう努めるものとする。

　一　耐火、耐震、防虫害、防水、防塵、防音、温度及び湿度の調節、日光の遮断又は調節、通風の調節並びに汚損、破壊及び盗難の防止その他のその所蔵する博物館資料を適切に保管するために必要な施設及び設備

　二　青少年向けの音声による解説を行うことができる機器、傾斜路、点字及び外国語による表示、授乳施設その他の青少年、高齢者、障害者、乳幼児の保護者、外国人等の円滑な利用に資するために必要な施設及び設備

　三　休憩施設その他の利用者が快適に観覧できるよう、利用環境を整備するために必要な施設及び設備

（危機管理等）
第十六条　博物館は、事故、災害その他非常の事態（動物の伝染性疾病の発生を含む。）による被害を防止するため、当該博物館の特性を考慮しつつ、想定される事態に係る危機管理に関する手引書の作成、関係機関と連携した危機管理に関する訓練の定期的な実施その他の十分な措置を講じるものとする。
2　博物館は、利用者の安全の確保のため、防災上及び衛生上必要な設備を備えるとともに、事故や災害等が発生した場合等には、必要に応じて、入場制限、立入禁止等の措置をとるものとする。

附則
この告示は、公布の日から施行する。

附　則　（省　略）

索　引

本草学　22

Design, UD）　147

著者紹介

柴　正博（しば　まさひろ）

1952年生まれ
東海大学大学院海洋学研究科修士課程修了　理学博士
ふじのくに地球環境史ミュージアム　客員教授
元東海大学海洋学部博物館　学芸担当課長　学芸員
東京農業大学・帝京科学大学・東海大学非常勤講師,
NPO静岡県自然史博物館ネットワーク理事,
静岡千代田幼稚園理事, 掛川市文化財審議委員会委員,
ふじのくに地球環境史ミュージアム資料収集事業評価委員長
著書:『モンゴル・ゴビに恐竜化石を求めて』(2018年　東海大学出版部)
　　　『駿河湾の形成　島弧の大規模隆起と海水準上昇』(2017年　東海大学出版部)
　　　『はじめての古生物学』(2016年　東海大学出版部, 2020年　東海教育研究所)
　　　『地質調査入門』(2015年　東海大学出版部)
　　　『日本の地質 増補版』(2005年　分担執筆　共立出版)
　　　『新版 静岡の自然をたずねて』(2005年　分担執筆　築地書館)
　　　『新版 博物館学講座6』(2001年　分担執筆　雄山閣出版)
　　　『しずおか自然図鑑』(2001年　分担執筆　静岡新聞社)
　　　『化石の研究法』(2000年　分担執筆　共立出版)
Web page: Dino Club (http://www.dino.or.jp/)

装丁　中野達彦

博物館と学芸員のおしごと　―博物館概論―

2023年1月26日　第1版第1刷発行

著　者　柴　正博
発行者　原田邦彦
発行所　東海教育研究所
　　　　〒160-0023 東京都新宿区西新宿7-4-3 升本ビル7階
　　　　TEL：03-3227-3700　FAX：03-3227-3701
　　　　URL：http://www.tokaiedu.co.jp/bosei/
印刷所　港北メディアサービス株式会社
製本所　誠製本株式会社